건축가의 도시

건축가의 도시

공간의 쓸모와
그 아름다움에
관하여

이규빈
지음

샘터

우리가 건축을 만들지만,

다시 그 건축이 우리를 만든다

윈스턴 처칠

추천사

그는 어떤 건축을 향해 마음을 열고 있는가

건축가는 자기 집이 아니라 남이 사는 집을 설계하는 사람이다. 그게 개인 집이든 공동주택이든 혹은 사무실이나 박물관이든, 특정 혹은 불특정 개인이나 다수의 삶이 거주하는 공간을 설계하는 것을 직능으로 삼는다. 그런 건축가에게 가장 필요한 공부는 당연히 남의 삶에 대한 것일 수밖에 없다. 건축에 기술이나 예술적인 부분도 있지만 그건 어디까지나 부수적인 것이며 다른 사람들이 어떻게 사는가를 알아야 더 나은 삶의 방법을 조직하는 설계도를 그릴 수 있게 된다.

남이 사는 방법을 알려면 소설이나 영화를 통하는 길이 효과적이며 어떻게 살아가는지를 알기 위해 역사를 공부해야 하고, 궁극적으로 왜 사는가를 알기 위해 철학을 읽어 터득한다. 그래서 이 문학과 역사와 철학의 인문학이 무엇보다 중요한 공부라고 하는 것이다. 그런데 책을 통한 공부는 어디까지나 활자로 가공된 것이라, 자칫하면 환상을 가져오기 쉽다. 현실을 바탕으로 서야 하는 건축에 이런 환상은 공허하고 위험하기까지 하다.

진실은 늘 현장에 있다. 그래서 현장을 찾는 일, 즉 여행은 건축가에게는 필수적인 과정이며 그 여행을 통해 수없이 깨우치며 스스로를 발견하게 된다. 20세기 최고의 건축가라고 하는 르코르뷔지에가 20세에 처음으로 한 여행은 그가 죽을 때까지 영감을 제공했으며 정규 교육을 받지 못한 안도 다다오도 여행을 통해 자신의 건축을 확립했을 만큼, 여행은 건축가가 되고자 하는 이들에게는 반드시 거쳐야 하는 과정인 것이다.

이 책은 이규빈의 건축 여행에 관한 책이며 이 기록을 통해 우리는 그가 어떤 건축을 향해 마음을 열고 있는지 알게 된다. 아직 예비 건축가라고 할 수 있는 이규빈은 내가 이끄는 이로재에 들어와 치열한 건축 수업을 해왔다. 보통의 건축사무소 직원이라면 밤낮없이 프로젝트와 맹렬한 전투를 치르느라 바깥세상과는 벽을 쌓게 마련이어서 해외여행은 남의 일이건만, 그는 그 와중에도 여행을 다녔고 더구나 여행하는 일과는 별개의 큰 수고를 들여 이 책까지 내게 되었다. 일에 관한 한 잔인할 정도로 엄격한 내 요구를 충실히 수행하면서도 그랬다. 짧은 정규 휴가 때에 빠듯한 시간과 돈을 아껴가며 한 여행도 있지만, 대개는 출장 중에 잠을 멀리하며 다닌 기록이 대부분이라 그의 의지가 새삼 놀라울 뿐이다. 그 기록 또한 단지 일개 감상으로 그치는 게 아니라 자신의 눈으로 보고 소리를 내어 만든 것이라 적잖은 감동이 있다. 그래서 이 책의 내용은 건축을 배우려 하는 이들에게는 더욱 절실할 것으로 여긴다.

바라기로는 그가 온전히 자신의 힘으로 세상을 마주보며 건축을 하고 있을 때, 혹은 더 크게 자라서 누구도 감히 견주지 못하는 건축가가 되었을 때, 다시 이 책을 처음부터 들추며 이때의 마음을 되새기면 좋겠다. 그러면 쌓인 세파의 먼지로 그때의 길이 어두워졌다 해도 넉넉히 다시 시작할 수 있을 게다. 초심불망 마부작침初心不忘 磨斧作針이라고 했다.

승효상

글로 지은
나의 첫 번째 건축

"가우디Antonio Gaudí y Cornet, 1852~1926의 상상은 조셉 마리아 주졸Josep Maria Jujol, 1879~1949의 드로잉을 통해 구현되었고 르코르뷔지에Le Corbusier, 1887~1965의 건축은 피에르 잔느레Pierre Jeanneret, 1896~1967의 헌신 없이는 존재할 수 없었습니다. 위대한 건축가의 곁에는 언제나 훌륭한 조력자가 있습니다. 건축의 작업을 큰 배의 항해에 빗대어 보면 배가 나아갈 방향을 제시하는 건 선장이지만 뱃머리의 섬세한 움직임은 오직 조타수의 손끝에 달려 있습니다. 건축가 승효상의 작업은 저의 두 손을 통해 비로소 실현됩니다. 저는 실현자로서의 건축가입니다……."

10여 년 만에 다시 적어보는 자기소개서였다. 모교 강사로 지원하며 두 장 남짓한 종이 위에 나를 꾹꾹 눌러 담기 시작했다. 30평 주택부터 300m가 넘는 초고층 타워까지 그간 그려온 수많은 건축들이 눈앞에 떠올랐다. 굳이 건축가라는 말 앞에 실현자라는 단서를 단 건 제 입으로 건축가라고 칭하는 게 어쩐지 멋쩍어서였다. 자격이나 경력이 부족해서는 아니었다. 다만 나의 이름으로 세상에 내놓은 건축은 아직 없기 때문이었다. 누군가의 조력자 역할에 충실한 지금, 건축가로서의 나의 삶은 여전히 미생未生이다.

그럼에도 불구하고 선장이 잠을 잘 때에도 방향타에서 손을 뗄 수 없는 건 조타수의 운명이다. 그가 도면 위에 선 하나를 그으면 나는 백 개를 그어야만 한다. 그 선이 최선일지 의심하고, 확인하며, 증명해내고, 납득하는 과정은 오롯이 나의 몫이었다. 처절한 사투 끝에 마침내 남은 단 하나의 선만이 도면에 옮겨지고 건축이 된다. 나머지 아흔아홉의 선은 마치 잔상이나 환영처럼 나의 머릿속을 떠돌 뿐이었다. 그건 채 건축이 되지 못한 나의 생각과 미련이었다.

매일 밤 집에 돌아와 모니터 앞으로 다시 출근했다. 도면에 미처 옮겨지지 못한 나의 미련을 하나둘 꺼내기 시작했다. 그렇게 내가 보고, 듣고, 지은 건축과 도시에 대한 증언을 써 내려갔다. 생각은 한 장 벽돌에 담기면 건축이 되고 한 줄 문장에 담기면 글이 된다. 그래서 이 책은 나의 이름으로 세상에 내놓은 첫 번째 '건축'이다.

원작은 카카오 브런치에 연재했던 '젊은 건축가의 출장기'다. 일본, 브라질, 프랑스, 이탈리아 총 4부작으로 연재한 글은 누적 조회수 20만 회를 넘기며 분에 넘치는 사랑을 받았다. 단행본으로 재구성하며 이탈리아 편을 빼고 중국, 미국 편을 새로 썼다. 사진을 줄이는 대신 도면을 그려 넣어 읽는 이의 재미를 더하고자 했다. 코로나 팬데믹으로 몸과 마음이 모두 억압당한 이 시대, 좁은 지면에서나마 자유롭게 건축과 도시를 거닐며 작은 위안 삼을 수 있기를 진심으로 바란다.

이규빈

차례

중국

건축이 전하는 도시의 이야기

미국

건축에 담긴 의미와 상징성

브라질

건축이 도시의 풍경을 만든다

프랑스

역사와 사연이 깃든 공간과 장소

도면 읽는 법

배치도 Site Plan

▲ 롱샹 성당Chapelle Notre-Dame-du-Haut de Ronchamp
● 르코르뷔지에Le Corbusier

N 0 2 5 10m

평면도 Plan

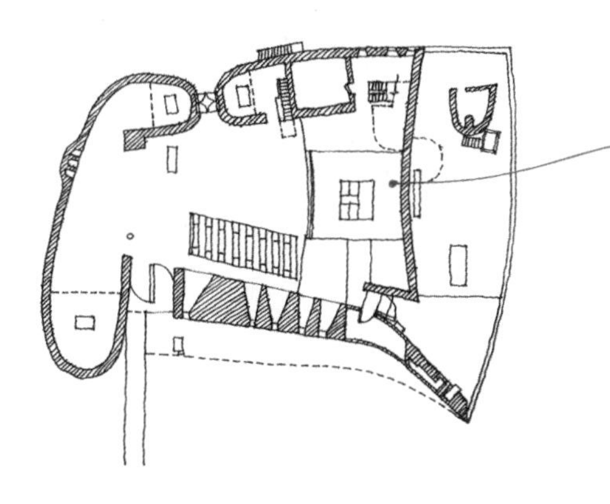

평면도는 건물을 허리 높이에서 수평으로 잘라 내려다본 도면이다

'점선'은 해당 도면에 나타나지 않는 반대편의 상황을 보여줄때 쓴다 여기서는 천장의 뚫린곳을 나타낸다

'방위'와 '스케일'은 도면의 방향과 축소된 비율을 나타내는 중요한 요소다

입면도 Elevation

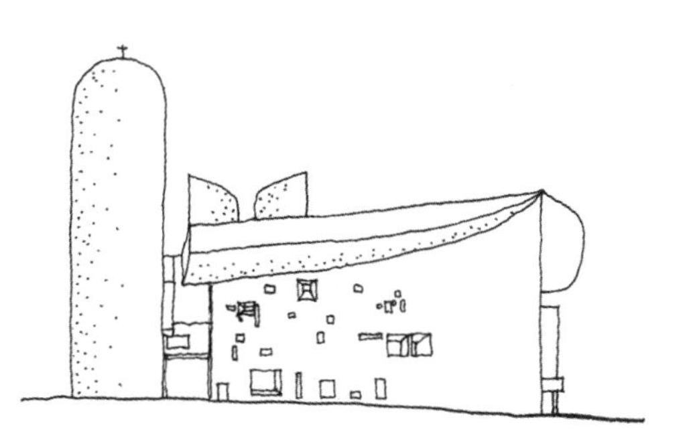

'입면도'는 지면과 평행하게 본 건물의 겉모습을 그린 도면이다

단면도 Section

단면도는 건물을 수직으로 잘라 지면과 평행하게 본 도면이다

'빗금(hatch)'처리 부분에는 구조, 기계, 전기, 단열, 방수 등 기능적인 요소가 숨겨져 있다

일본

일상이
도시의 공간을
채운다

골방 밖을 나선 건축가

일본으로의 세 번째 출장이다. 이번 출장 목적은 설계를 담당했던 작은 건물을 도쿄의 한 미술관에 전시하는 것이다. 모형을 직접 운반하고 의도대로 전시장에 잘 설치가 되는지 감독하는 비교적 쉬운 일이었다. 시간이 나면 보고 싶었던 건축 몇 곳을 들를 수도 있을 것 같았다. 그럼에도 내 몸이 느끼는 책임감의 무게는 여느 때와 다르지 않았던 모양이다. 탑승구를 지나는 그 순간까지도 혹여 빠진 것은 없는지 연신 가방 안을 확인했다. 이내 기체는 활주로를 힘차게 박차 올라 창공을 가르기 시작했다.

잠시 망설이다 입국카드 직업란에 'Architect'라고 적었다. 어디에서든 직업이 건축가라고 하면 응당 기대를 받는 이미지가 있다. 부스스한 몰골로 큼지막한 둥근 안경을 쓰고 한 손에는 연필, 다른 한 손은 머리카락을 돌돌 꼬아가며 도면을 그리

일본 출장기

는 괴짜. 그가 앉아 있는 장소는 꼭 샛노란 나트륨 등이 부옇게 내리비추는 골방이다. 하지만 현실은 항상 그렇지만도 않다. 적어도 내가 경험한 건축은 책상보다는 오히려 사무실 바깥에서 이루어지는 것이 훨씬 더 많았다. 그건 건축이 한 개인의 영감의 산물이라기보다는 사회와 환경을 관계하며 만들어지는 것임의 방증이기도 했다.

골방 같던 사무실 밖으로 처음 나온 건 입사한 지 3개월이 채 안 되었을 무렵이었다. 당시 나는 현상설계나 마스터플랜master plan에 매진하고 있었다. 현상설계는 당선되지 않는 한 지어질 수 없는 상상 속 그림에 불과했고, 마스터플랜은 설계design라기보다는 계획planning에 가까운 일처럼 느껴졌다. 건축가로서 첫발을 내디뎠으니 당장 땅 위에 뭐라도 지어보고 싶은 마음이 굴뚝같았지만, 그때까지만 해도 나의 작업은 어쩐지 구름

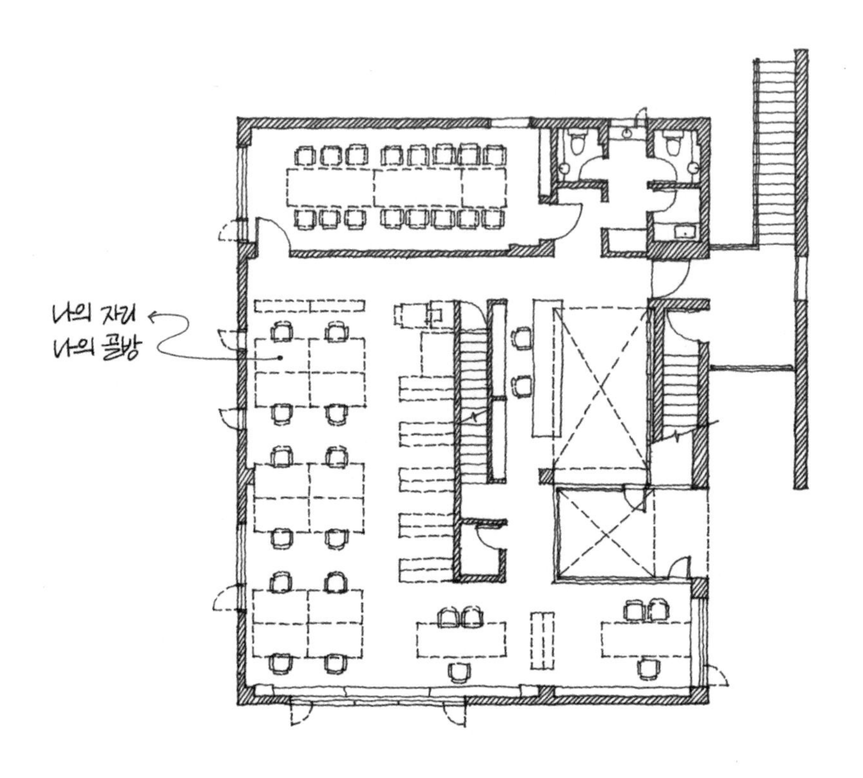

履露齋
IROJE

N 0 1 2 5m

이로재(履露齋) 지상 2층 평면도
직역하면 '이슬을 밟는 집'이라는 뜻으로 대학로에 위치한 건축가 승효상의 작업실이다.

위에 동동 떠 있는 것만 같았다. 하루하루가 공허하고 조바심마저 났다. 그러던 와중 새로운 프로젝트에 참여하게 되었다. 그리고 곧 사례 답사를 위한 일본 출장이 결정되었다.
책상에 앉아 도면만 그리는 일에 비하면 실제 건축을 보러 다니는 건 비교할 수 없을 만큼 설레고 재미있는 일이었다. 설사 그 건축이 내가 그린 것이 아닐지라도 말이다. 무엇보다 이렇게 '놀러 다니는 것'이 업무가 될 수 있다는 사실이 그때는 참 좋았다. 돌이켜 보면 대학에 처음 입학했을 때도 비슷한 생각을 했던 것 같다. 첫 설계 과제를 앞두고 다 함께 북촌으로 답사를 갔던 날을 아직도 잊지 못한다. 이렇게 놀러 가는 게 수업이 될 수 있다니. 그렇게 골방을 벗어나 진짜 건축과 도시를 마주하면서부터 나의 건축학도 혹은 건축가로서의 본격적인 삶도 시작되었다.

시간이 흘러 어느덧 내 명함의 'Architect' 앞에는 'Chief'라는 수식어가 붙었다. 건축의 실체에 다가가면 다가갈수록 오히려 책상 앞에선 멀어지는 신기한 경험이 계속됐다. 결국 그 실체는 현장에 있었다. '대지'나 '사이트site'라고도 불리는 수많은 현장은 건축이 지어지게 될 실재하는 땅을 뜻한다. 땅의 스케일scale은 인간의 그것과는 비교할 수 없을 만큼 거대하다. 제아무리 큰 모니터에 현황측량도와 사진을 띄워놓고 비교해본들 실제 그곳에 두 발을 디뎌보지 않고서는 단 한 줄의 선조차 그리기 망설여지는 것은 그 때문이다.

어떤 현장은 시내에 있어 대중교통으로도 쉽게 갈 수 있는가 하면 또 어떤 곳은 기차나 비행기를 타도 오고 가는 데만 한나절이 걸리는 경우도 다반사다. 때로는 길조차 없어 수풀을 헤치는 일이 있을지언정 건축가는 현장 찾기를 결코 마다하지 않는다. 건축은 땅 위에 세워져 비로소 의미를 가지는 일임을 누구보다 잘 알기에.

현장을 다녀온 이후에도 책상 앞에 가만히 앉아있을 수만은 없다. 아무리 좋은 계획안이어도 다른 사람들에게 이해되고 동의를 받는 과정을 거치지 못하면 지어질 수 없다. 그렇기에 설계 중인 도면을 들고 각종 관청과 협회를 뛰어다니며 시민, 공무원, 교수, 위원들을 만나는 것조차 건축가의 막중한 임무다. 노란 불빛 아래 도면과 독대하며 고민하는 진중한 시간이란 바깥에서 일어나는 이 모든 일이 끝난 이후에나 비로소 온전하게 허락된다.

마침내 완성된 도면을 들고 공사 중인 현장을 찾아가야 하는 건 건축가의 당연한 의무이자 소명이다. 같은 도면도 보는 이에 따라 지어지는 건축의 결과물은 천차만별이기 때문이다. 과연 도면과 똑같이 지어지고 있는지 확인하는 것은 물론이고 작업자를 어르고, 달래고, 이해시키는 것까지도 나의 일이다. 안전모에 안전화, 안전고리까지 중무장을 하고 한창 배근 중인 슬래브slab◆ 위를 콩콩 뛰어다니거나 수십 미터 높이의 외벽 비계scaffolding◆◆를 아슬아슬하게 타는 일도 허다하다. 그렇게 발에 땀이 나도록 뛰어다니다 보면 어쩌면 좋은 건축은 건축가의 천재성보다는 성실성에 달린 일은 아닐까 하는 생각마저 든다.

잠시 감았던 눈을 뜨니 어느새 하네다 공항이었다. 택시를 타고 어둑해진 도쿄의 밤거리를 지나 호텔에 도착했다. 미리 내일의 짐을 꺼내 놓고 남은 옷가지와 물건들을 능숙하게 정리하고 나니 자정이 훌쩍 넘어 있었다. 아직 본격적인 일정은 시작 전이니 간단하게 맥주라도 한 캔 마시고 자고 싶었지만 꾹 참았다. 내일을 위해 오늘의 컨디션을 조절하는 것조차 나에게 주어진 임무다. 채 불도 끄지 못한 방 한편에 쓰러지듯 몸을 뉘었다.

◆ 건물의 바닥이나 천장을 구성하는 판 형상의 구조 부재.

◆◆ 높은 곳에서 공사를 할 수 있도록 건물 외벽 등에 임시로 설치하는 조립식 강구조물.

소바집과 미우미우

▲ 미우미우 아오야마Miu Miu Aoyama

● 헤어초크 & 드 뫼롱Herzog & de Meuron

얼마 전 결혼을 앞둔 두 젊은 건축가가 청첩장을 주겠다며 나를 불러냈다. 설계사무소에서 동료로 만나 백년가약을 맺게 되었다는 둘은 건축에 대한 열정과 재능이 뛰어난 친구들이었다. 건축하는 사람끼리 만났으니 자연스레 대화의 주제도 건축이 되었다. 때마침 일본으로의 출장을 앞두고 있던 나는 도쿄에서 가볼 만한 건축의 추천을 부탁했다. 대번에 돌아온 대답은 '미우미우 아오야마'였다. 이유인즉슨 연애 시절 함께 다녀온 일본 여행에서 예비 신랑이 이 건물을 보겠다고 고집을 부려 먼 길을 돌아갔다는 사연이었다. 예비 신부도 처음엔 툴툴댔지만 끝내 건물을 보고 함께 좋았더라는 말도 잊지 않았다.

다시 그 이름이 떠오른 건 저녁 약속을 위해 신주쿠 쪽으로 걷던 중이었다. 시부야를 거쳐 아오야마 초입에 들어설 즈음 지난 이야기가 불현듯 생각났다. 대체 어떤 건물이길래 가던 길을 부러 되돌아갈 정도였던 걸까. 나 또한 가던 길을 멈추고 아오야마 뒷골목을 향해 무작정 걷기 시작했다. 일정에 없던 방문이었으니 건물의 위치도, 규모도, 생김새도 알지 못했다. 하지만 이내 눈앞에 누가 봐도 범상치 않은 외형의 건물이 나타났다. 스위스 태생의 건축가 자크 헤어초크Jacques Herzog, 1950~ 와 피에르 드 뫼롱Pierre de Meuron, 1950~ 이 설계한 '미우미우 아오야마Miu Miu Aoyama'였다.

이 작은 부티크 숍은 같은 건축가가 10여 년 앞서 설계한 '프라다 아오야마Prada Aoyama' 맞은편에 있다. 미우미우는 프라다 창업자의 막내 손녀딸 미우치아 프라다Miuccia Prada, 1948~ 의 이름에서 유래되었다. 그러니 작은 길 하나를 사이에 두고 한 건축가가 같은 브랜드의 건축을 두 번이나 작업한 셈이다.

프라다 아오야마는 투명한 유리로 되어있어 새하얀 실내가 그대로 비쳐 보이는 반면 미우미우는 불투명한 금속이 주재료다. 그것도 개구부가 거의 없이 닫혀 있는 대조적인 형상이다. 누군가 일러주지 않으면 한 건축가의 작업이라고 미처 생각하기 어려울 정도다. 헤어초크 & 드 뫼롱은 스타일이 없는 건축으로 유명하다. 매 작품마다 그에 합당한 논리나 조건에 맞춰 설계하기에 전체를 관통하는 스타일은 없다는 것이다. 나란히 서 있는 두 건물은 마치 그러한 건축가의 생

미우미우 아오야마 전경.
두께 12㎜의 스테인리스 강판이 뿜어내는 인상이 압도적이다.

각을 대변하고 있는 것만 같았다.

단연코 이 건축의 가장 압도적인 인상은 외부를 감싸는 두께 12㎜의 스테인리스 강판이다. 멀리서 보고는 당연히 오픈 조인트open joint◆일 줄 알았는데 의외로 거친 맞댐 용접groove welding◆◆으로 되어 있었다. 건축가는 건물 전체를 단 한 장의 금속판으로 덮고 싶었던 것 같다. 다만 제작, 운반, 가공상의 한계와 비용이라는 현실적인 조건으로 인해 실현할 수 없었을 게 분명했다. 대신 접합부에 또 다른 금속을 녹여 틈을 메우는 방식을 택했다. 금속이라는 일관된 재료를 통해 하나로 연결된 여러 장의 판은 비로소 다시 한 장이 되었다.

프라다 아오야마 전경.

그럼에도 어쩔 수 없이 눈에 드러나는 용접의 흔적을 지운 방법이 재미있다. 이면도로와 접한 건물의 동측 입면이 그러하다. 판과 판이 만나는 세로 방향의 줄눈을 보행자 눈높이에 해당하는 만큼만 연마하여 거울처럼 만들어놓았다. 건축가는 이를 보행자의 시선과 호

◆ 외벽의 판재와 판재 사이의 줄눈을 실리콘 등으로 밀폐시키지 않고 열어 놓는 공법.
◆◆ 용접부에 홈(groove)을 가공한 뒤 다른 금속을 용융하여 채워 넣는 용접 방식.

외벽의 맞댐 용접 부분.

기심을 이끌기 위한 표면이라고 설명한다. 하지만 적어도 내 눈에는 건물 옆을 가까이에서 지나는 사람들에게만큼은 한 장의 금속판처럼 보이고 싶었던 건축가의 마지막 자존심 혹은 재치로 읽혔다.

살짝 벌어진 금속 박스의 틈으로 들어가면 완전히 다른 세상이 펼쳐진다. 미우미우의 인테리어 핵심은 재료를 통한 내외부의 확실한 구분이다. 상대적으로 얇고, 광택이 적고, 차가운 색상의 외장재와는 달리 실내는 같은 금속 재질임에도 볼륨이 있고, 반짝거리며, 따뜻한 색상으로 되어 있다. 요철이 맞물리며 만드는 물결 모양의 단위는 여러 스케일로 변주되며 내부 공간을 만든다. 예컨대 매장 바닥재인 카펫의 절개선도 직선이 아니라 주먹 하나 크기의 물결 모양이다. 전면도로를 향해 가파른 경사를 가지는 지붕판 처마의 안쪽 또한 매장 내부와 동일한 재료로 되어 있다. 마치 껍질을 깐 귤의 안팎처럼 살짝 열린 금속 상자는 그 내외부가 재료를 통해 명확히 구분된다. 이는 건축과 인테리어를 넘나들며 건축가의 일관된 논리가 섬세하게 적용되었기에 가능한 표현이었다.

인테리어와 건축의 모호한 구분이 명확해지는 순간은 빗물을 만났을 때이다. 하늘로부터 건물을 향해 떨어진 빗물을 어떻게 땅까지

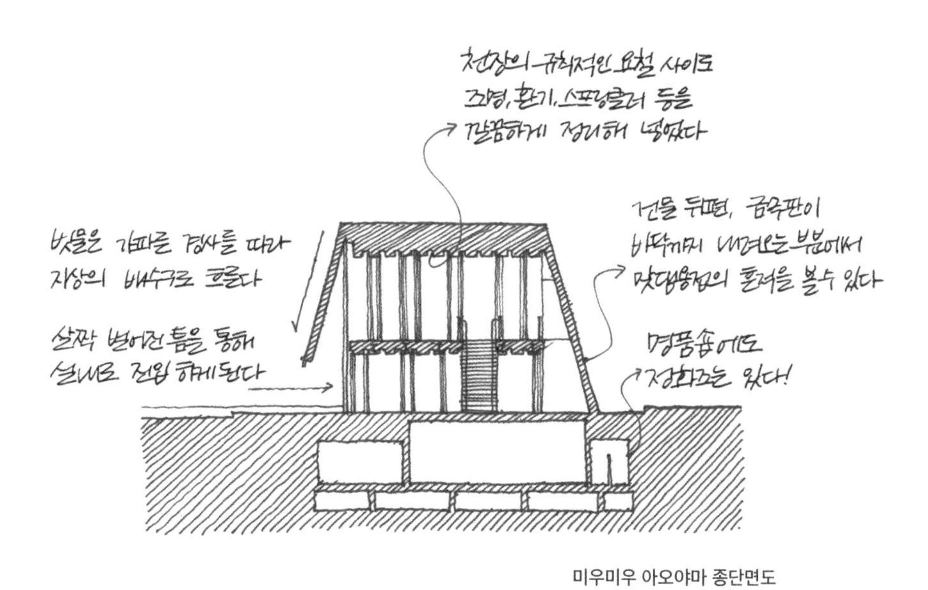

미우미우 아오야마 종단면도

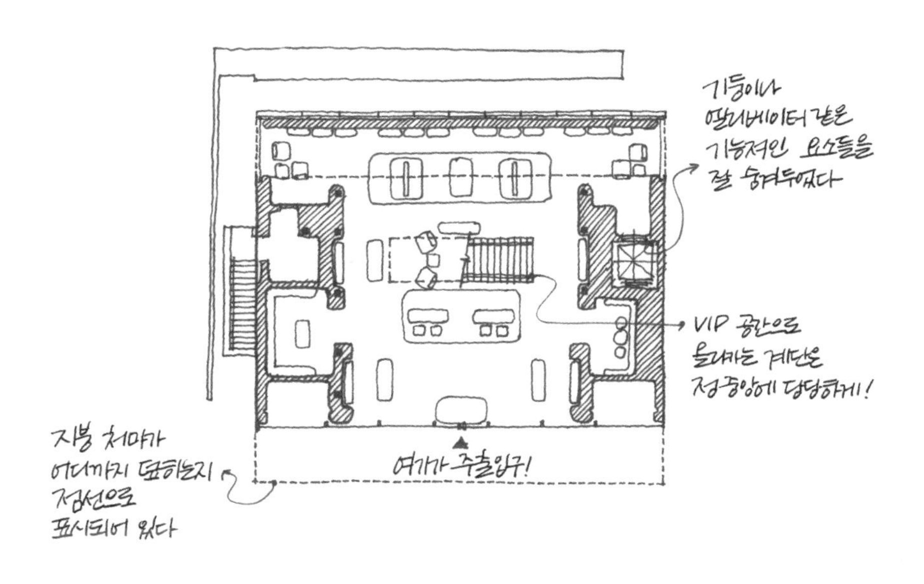

미우미우 아오야마 지상 1층 평면도

흘려보낼지는 건축의 가장 어려운 고민 중 하나다. 미우미우의 들어 올려진 지붕 처마 끝단에는 마치 눈썹처럼 긴 금속판이 붙어 있다. 전체적으로 매끈한 금속 박스 형태를 구현하려면 없어야 맞겠지만 빗물을 모아야 하는 기능상 필수 불가결한 요소였을 것이다. 건축가는 홈통을 붙이는 대신 바탕면과 동일한 재질의 금속을 사용했다. 처마의 경사로 인해 자연스럽게 물을 모을 수 있는 L자 모양의 판은 그 바탕으로부터 5㎜ 띄워 접합되어 있다. 이 얇은 틈이 있은 덕분에 빗물받이는 금속 박스와 별개로 인식되어 전체 조형을 해치지 않는다.

빗물받이의 전체 길이 중 좌측에서 3분의 1 정도 되는 지점에는 배수공이 있다. 그 아래로는 금속 체인이 달려 지상으로 물을 흘려보낸다. 빗물은 체인을 따라 경박스러운 소리나 지저분한 흔적을 남기지 않고 조용히 흐른다. 지상의 배수구 앞으로는 자그마한 화단이 있어 물이 흘러가는 마지막 모습조차 보이지 않도록 배려되었다. 작은 부분까지 어디 하나 건축가의 고민이 담겨 있지 않은 게 없었다.

마지막까지 풀리지 않았던 의문은 지붕 처마의 가파른 경사였다. 처마라고 하기엔 너무 얄아 보이고 빗물을 흘리기 위함이라기엔 또 너무 급했다. 살짝 열린 상자 안으로 고객을 초대한다는 건축의 개념에는 동의하지만 나의 질문은 '왜 하필 그 각도의 경사였어야 하는가'다. 별 뜻 없는 건축가의 미적 감각으로 치부하기엔 건축 전반에 걸쳐 풍부하게 담겨 있는 치밀함이 못내 마음에 걸렸기 때문이다.

끝내 풀리지 않은 궁금증을 안고 아오야마 골목을 빠져나오던 나

미우미우 아오야마의 가파른 지붕 경사.

소바집의 가파른 지붕 경사.

의 눈에 뭔가가 들어왔다. 작고 남루한 소바집이었다. 1912년부터 소바를 팔았다는 이 작은 가게의 전면에는 가파른 각도의 목재 지붕판이 붙어 있었다. 우연이라고 하기엔 비례나 각도가 미우미우의 그것과 너무도 닮아있었다.

서민 음식인 소바와 고가의 명품, 고풍스러운 목재와 차가운 금속, 오래된 전통 음식점과 인터내셔널 브랜드의 플래그십 스토어. 아오야마는 명품 거리라는 명성과 달리 도저히 서로 어울리지 않을 듯한 이질적인 요소들이 한데 뒤섞여 공존하는 곳이었다. 하지만 역설적으로 그런 도시 풍경이 곧 아오야마의 정체성이기도 했다. 그 어떤 기준도 양식도 없는 이 황량한 풍경 안에서 두 건축은 아주 작은 공통점을 두고 조용히 서로의 존재를 인정하고 있었다.

애플 스토어는 광장을 닮았다

애플 스토어 오모테산도Apple Store Omotesando

BCJ

2020년 말 유튜브를 통해 애플의 새 스마트폰 '아이폰12'가 최초 공개되었다. 여느 때와 마찬가지로 대중과 언론의 반응은 뜨거웠다. 그런데 엉뚱하게도 모두의 이목을 집중시킨 건 디자인이나 성능이 아닌 충전 어댑터의 행방이었다. 애플은 공식적으로 구성품에서 충전 어댑터를 제외한다고 발표했다. 스마트폰이라는 하나의 플랫폼에 모든 것을 '더하는' 혁신으로 사람들을 놀라게 했던 애플이 이번엔 당연히 있어야 할 무언가를 '빼는' 일로 다시 한번 세상을 발칵 뒤집어 놓았다.

국내 언론은 기다렸다는 듯 앞다퉈 부정적인 기사를 쏟아내기 시작했다. 누리꾼들 또한 댓글로 동의를 표했다. 하지만 나는 소식을 듣고 도리어 무릎을 탁 쳤다. 이건 애플이 경쟁자들에게 보내는 선전포고이자 의미심장한 메시지였다. 세상 사람들이 하나 이상의 자사 제품을 가지고 있다는 확신에 근거한 자신감의 표현이기도 했다. 그리고 몇 달 뒤, 삼성은 새 모델 '갤럭시 s21'의 구성품에서 어댑터를 제외한다고 발표했다.

삼성이든 애플이든 선택은 전적으로 소비자의 몫이다. 다만 재미있는 건 내 주변 건축하는 동료들은 압도적으로 아이폰을 선호한다는 사실이다. 악마는 프라다를 입고 건축가는 애플을 쓰기라도 하는 걸까. 비슷한 수많은 제품 중 하나를 선택하는 결정적 이유는 의외로 아주 작고 별것 아닌 데 있을 경우가 많다. 우리는 그 대수롭지 않은 무언가를 '디테일detail'이라고 부른다.

애플 스토어Apple Store는 디테일에 대한 애플의 집념이 건축으로 발현된 사례이다. 전 세계 25개국 약 500여 곳에 들어선 매장들은 단순히 자사 제품을 판매하는 소매점 역할에 그치지 않는다. 다만 방문자로 하여금 애플이라는 일종의 '커뮤니티 공간'에 초대된 듯한 느낌을 받도록 하는 것이 주된 목적이다. 사야 할 물건이 있어야만 찾아가는 다른 전자제품 매장과 달리 친구와 함께, 연인과 데이트로, 혹은 아무 이유 없이도 그곳을 찾아 유유히 시간을 보내는 사람들의 모습이 그 방증이다. 사람들이 모이고, 머무르고, 교류하는 장소로서 애플 스토어는 현대 도시에서의 '광장'과도 같다.

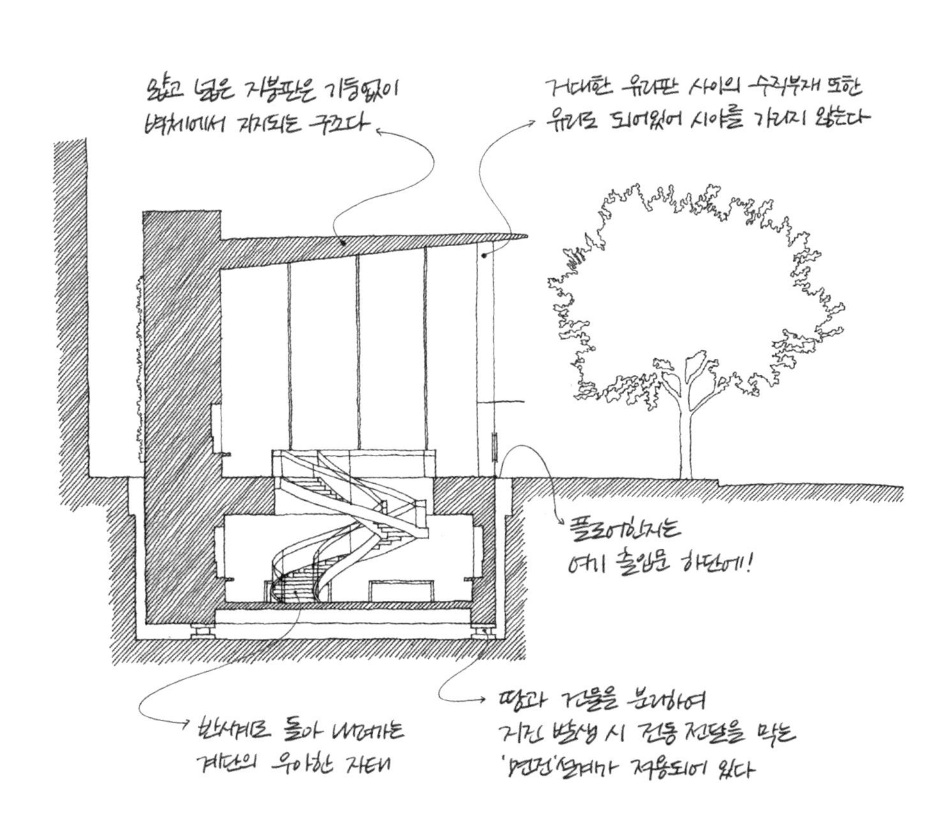

0 1 2 5m

APPLE STORE
OMOTESANDO

애플 스토어 오모테산도 종단면도

유리 파사드와 주 출입구.

유럽의 광장들을 떠올려보자. 길을 걷다 보면 저 멀리 옹기종기 앉아 있는 사람들이 호기심을 자극한다. 가까이 걸어가면 어느새 길은 자연스럽게 광장과 하나가 된다. 그 곁에 자리를 잡고 앉으니 어느새 나 또한 이 광장과 도시 풍경의 일부가 된다. 애플 스토어는 다만 외부 공간이 아닌 건축이기에 필연적으로 도시의 거리로부터 벽으로 구획되어 닫힐 수밖에 없다. 그럼에도 불구하고 광장으로서 작동할 수 있도록 몇 가지 건축적 수법을 도입하여 이를 극복했다. 도쿄 최고의 번화가 오모테산도 초입에 위치한 '애플 스토어 오모테산도Apple Store Omotesando' 역시 이러한 수법에 충실하여 만들어진 건축이다.

이곳의 전면 파사드facade◆의 높이는 무려 9.5m다. 아파트 세 개 층에 달하는 높이지만 이를 떠받치는 기둥은 없어 천장은 마치 공중에 떠 있는 얇은 차양처럼 느껴진다. 그 아래로 실내의 건축과 실외의 거

◆ 건물의 주 출입구가 있는 정면.

리를 구분하는 유일한 경계벽은 한 장의 투명한 유리다. 그뿐만 아니라 커다란 유리를 고정하고 지탱하기 위한 구조체 또한 유리로 되어 있다. 무려 다섯 장을 겹쳐 만든 멀리언mullion◆은 투명성을 유지하면서도 금속에 비해 상대적으로 강도가 약한 유리를 이용해 지진과 바람 등 각종 하중을 견디고자 했던 건축가와 엔지니어의 노력의 산물이다.

지하 매장으로 내려가는 나선형 중앙 계단.

유리의 표면 처리, 색상, 볼트의 크기와 체결 방식, 체결 위치까지 고민의 흔적이 역력했다. 덕분에 완벽하게 투명해진 건축의 전면부에서 유일하게 시야를 가리는 건 사과 모양의 로고뿐이다. 밖에서 들여다보이는 애플 스토어의 내부는 마치 사과나무 그늘이 드리워진 길가의 작은 광장처럼 보였다. 거리를 걷던 사람 누구라도 아무런 거리낌 없이 자연스레 건축의 내부로 들어설 수 있는 까닭이다.

광장 가운데 있어야 할 분수를 대신하는 건 매장 중앙에 있는 나선

◆ 건물 외벽의 유리 판재와 판재 사이에 설치되는 수직 부재.

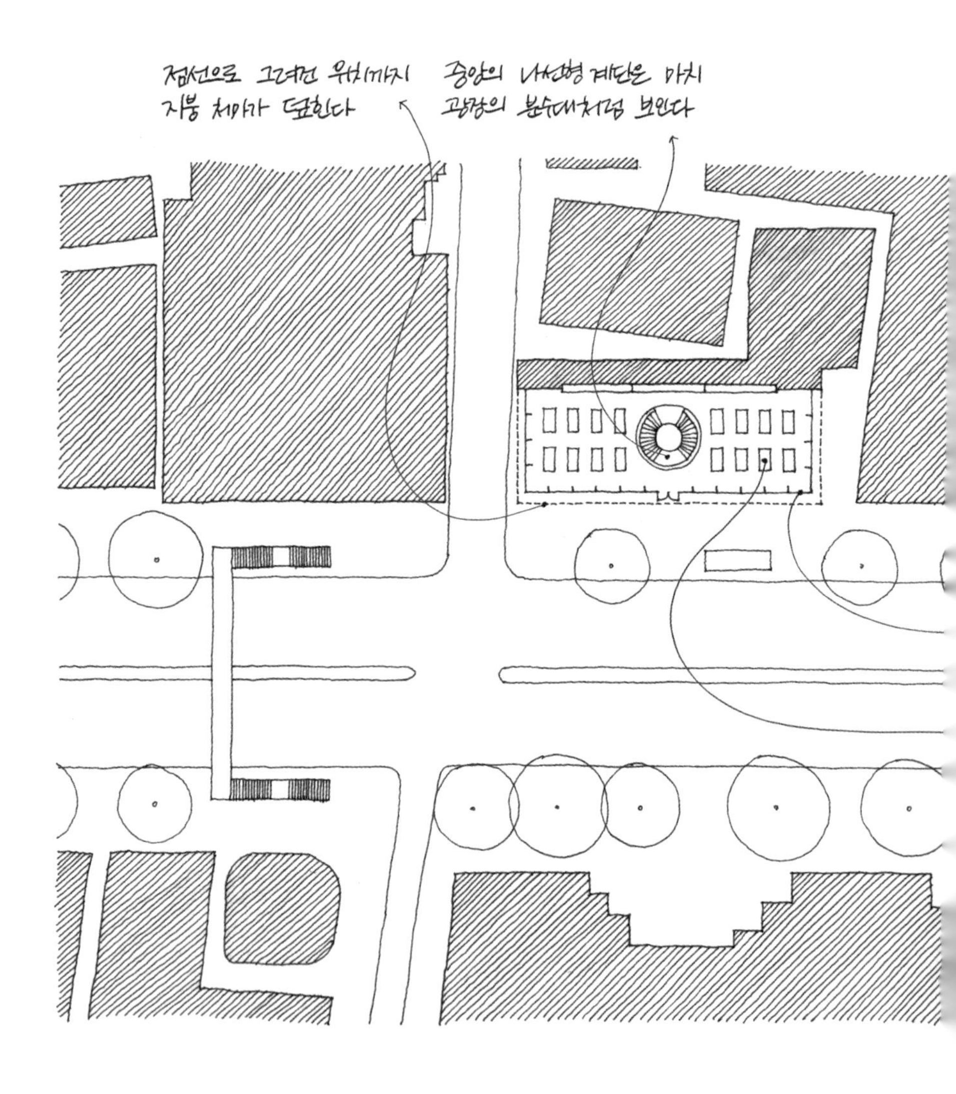

APPLE STORE
OMOTESANDO

애플 스토어 오모테산도 지상 1층 평면도

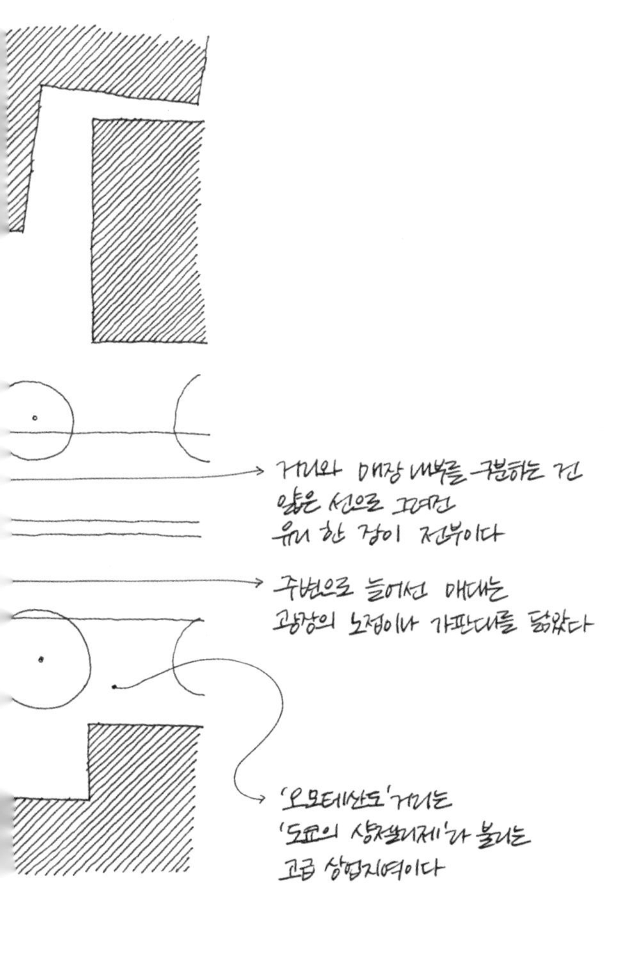
거리와 매장 내부를 구분하는 건
얇은 선으로 그려진
유리 한 장이 전부이다
주변으로 늘어선 매대는
광장의 노점이나 가판대를 닮았다
'오모테산도' 거리는
'도쿄의 샹젤리제'라 불리는
고급 상업지역이다
N
0
5
10
20m

출입문 하단의 플로어 힌지 디테일.

형 계단이다. 위로 솟구치는 투명한 물줄기 대신 아래층으로 돌아 내려가는 투명한 나선형 계단은 손님을 자연스럽게 체험 공간으로 이끈다. 계단의 바닥, 벽, 난간 무엇 하나 유리가 아닌 것이 없다. 결국 질릴 정도로 깨끗하고 투명한 유리로 가득한 이 건물에서 도드라지는 건 단 두 가지뿐이다. 매대에 올려진 형형색색의 제품들과 그 앞을 가득 메운 각양각색의 사람들.

다시 거리로 나서려는데 출입문 귀퉁이의 작은 금속판 하나가 내 눈길을 사로잡았다. 유리문의 회전축을 바닥에 고정하기 위한 플로어 힌지floor hinge라는 부속이다. 일반적으로는 힌지를 고정하기 위한 넙데데한 금속판이 바닥에 박혀있어야 하는데 그게 보이질 않았다. 자세히 보니 동일한 재질과 두께로 문턱을 연장하여 존재를 숨겨버린 것이었다. 문을 달기 위해 어쩔 수 없이 붙여야 하는 작은 금속판 하나에조차 치열한 고민이 담겨 있었다. 실무자인 내게는 이를 구현하기 위해 클라이언트, 시공자, 철물 제조업자, 작업 인부 사이를 분주히 오가며 많은 이들을 설득시켰을 건축가의 노고가 오롯이 느껴져 잔잔한 감동마저 일었다.

건축에는 '문 상세도'라는 도면이 있다. 공간에 설치될 크고 작은 문의 형태, 치수, 재료는 물론 손잡이의 모양이나 경첩의 방향까지 담기는 상세 도면이다. 설계사무소에 입사해 처음 주택 설계를 맡았을 때만 해도 문 상세도의 존재는 나에게 신선한 충격이었다. 건축가는 평·입·단면만 잘 그리면 그만인 줄 알았기 때문이다.

공간은 표준화된 제품이 아니기에 부수되는 작은 요소조차 결코 획일화될 수 없다. 건축가는 매 공간에 맞는 문짝마저도 일일이 설계하고 거기에 달릴 손잡이 하나까지 손수 그려내야만 하는 사람들이다. 결국 실력 있는 건축가일수록 문, 손잡이, 창틀, 난간 등 디테일에 천착하고야 마는 것이다. 디테일이란 단지 큰 것의 일부가 아니다. 건축은 부분으로부터 말미암아 전체를 완성하는 일임을 잊지 말아야 한다.

블루보틀의 향기

블루보틀 아오야마Blue Bottle Coffee Aoyama

스케마타 아키텍츠Schemata Architects

카페는 커피만을 사고 파는 공간이 아니다. 한 번쯤 골목 어귀 카페에 앉아 수다를 떨거나, 인터넷을 하거나, 시간을 보내본 도시인이라면 공감할 것이다. 어쩌면 당신이 시험 기간에 도서관보다 카페를 즐겨 찾는 소위 '카공족'이라면 더욱 격하게 고개를 끄덕일지도 모르겠다. 하지만 카페가 단순히 커피라는 재화를 파는 상업 공간을 넘어서게 된 건 최근의 일이 아니다. 17세기 프랑스에서 처음 생겨난 이래 카페는 늘 문학, 정치, 예술을 논하고 사교를 나누는 복합공간이었다. 우리나라에서도 다방은 달걀노른자 동동 띄운 쌍화차를 먹던 시절부터 이미 인간사 희로애락을 담는 장소였지 않던가.

그렇다면 카페를 공공 공간이라고 부를 수 있을까. 전통적인 공공 공간이란 '도시의 모든 구성원에게 무료로 열려 있는 공간'을 의미한다. 그 반대 개념인 사적 공간은 '개인에게 귀속되어 오롯이 나의 뜻대로 쓸 수 있는 공간'을 뜻한다. 우리가 아는 카페는 이 둘 중 어디에도 딱 들어맞질 않는다. 어쩌다 단순히 커피를 파는 곳이 이토록 복잡하고 심오한 도시 공간으로 변모하게 되었을까. 이 질문에 답하기 위해선 반대로 왜 그런 도시 공간에서 판매되는 물건이 꼭 커피였어야 하는지 뒤집어 생각해볼 필요가 있다.

우선 커피는 싸다. 밥 한 끼의 절반 이하 가격이면 살 수 있는 한 잔의 커피는 카페라는 도시 공간에 들어가기 위한 최소한의 입장권이다. 돈을 내야 들어갈 수 있다는 점에서 애초부터 공공 공간의 조건에는 맞지 않는다. 그럼에도 이 입장 기준은 그다지 강제적이지 않아 종종 맨몸으로 들어와 자리에 앉는 사람들을 목격할 수 있다. 카페에는 입구를 지키는 사람도, 커피를 정말 샀는지 검사하는 사람도 없다. 현대 상업 공간치고는 상당히 느슨한 자본주의가 허용되는 이곳에서 사람들은 마음의 위안을 얻고 편안함을 느낀다.

커피는 그런 공간에 잘 어울리는 탁월한 메뉴다. 하루 중 언제든 마실 수 있으며, 계절에 따라 차갑거나 뜨겁게 선택할 수 있고, 배가 많이 부르지 않으면서도 칼로리가 낮아 부담이 없는 식품이다. 커피를 한 번에 두 잔 마시는 사람은 있어도 밥을 두 번 먹는 사람은 잘

입구에서 바라본 블루보틀 아오야마 매장과 스탠딩 테라스.

없다. 이 싸고 훌륭한 입장권을 통해 우리는 꽤 많은 효용을 누리게 된다. 거리에서 보호를 받지 못하던 개인들은 카페 쇼윈도 안으로 들어오는 순간부터 햇빛, 바람, 매연, 소음 등 유쾌하지 않은 많은 것으로부터 해방된다.

한국 카페 업계의 부동의 1위는 스타벅스지만 최근 그보다 더 많은 주목을 받았던 건 '블루보틀Blue Bottle Coffee'이다. 블루보틀을 처음 경험한 건 지난 2016년 뉴욕에서였다. 당시 근처에서 일하던 선배의 소개로 브라이언트 공원 앞 지점에 들렀었다. 당시만 해도 한국에는 점포도 없었을 뿐더러 잘 알려지지 않았던 브랜드였지만 미국에선 이미 선풍적인 인기를 끌던 중이었다. 대표 메뉴 '뉴올리언스'는 '볶은 치커리 뿌리와 굵게 갈아낸 원두를 찬물에 넣어 12시간 동안 우린 콜드브루'에 '우유와 유기농 사탕수수로 만든 설탕'을 섞어 만든 커피라고 했다. 복잡한 설명은 제쳐두고 일단 테이크아웃 해온 커피를 한 입 가득 머금었다. 하지만 기대했던 것에 비해 맛은 의외로 평범했다. 카페가 커피를 사고 파는 공간이 아닌 것을 간과하고 '커피만 사서 나온' 나의 실수에서 빚어진 결과였다.

다시 블루보틀을 찾은 건 도쿄의 한 뒷골목에서였다. 한적한 주택가 사이에 슬쩍 뒤로 물러선 2층짜리 아담한 가게는 지도를 보고 찾아왔음에도 알아채기가 쉽지 않았다. 입구에는 블루보틀 특유의 원목으로 만든 작은 간판이 있었지만 그 마저도 마당에 우거진 나무에 가려 보이지 않았다. 순간 상쾌하면서도 깊이가 느껴지는 커피 향이 코를 스쳤다. 나도 모르게 고개를 돌린 곳에는 두 사람이 지나가려면 한 명이 옆으로 돌아서야 할 만큼 좁고 가파른 콘크리트 계단이 있었다. 그 어떤 표지도 안내도 없었지만 그곳이 카페의 입구임을 직감할 수 있었다.

내부는 생각보다 평범했다. 마감재 없이 노출된 천장은 한국 카페

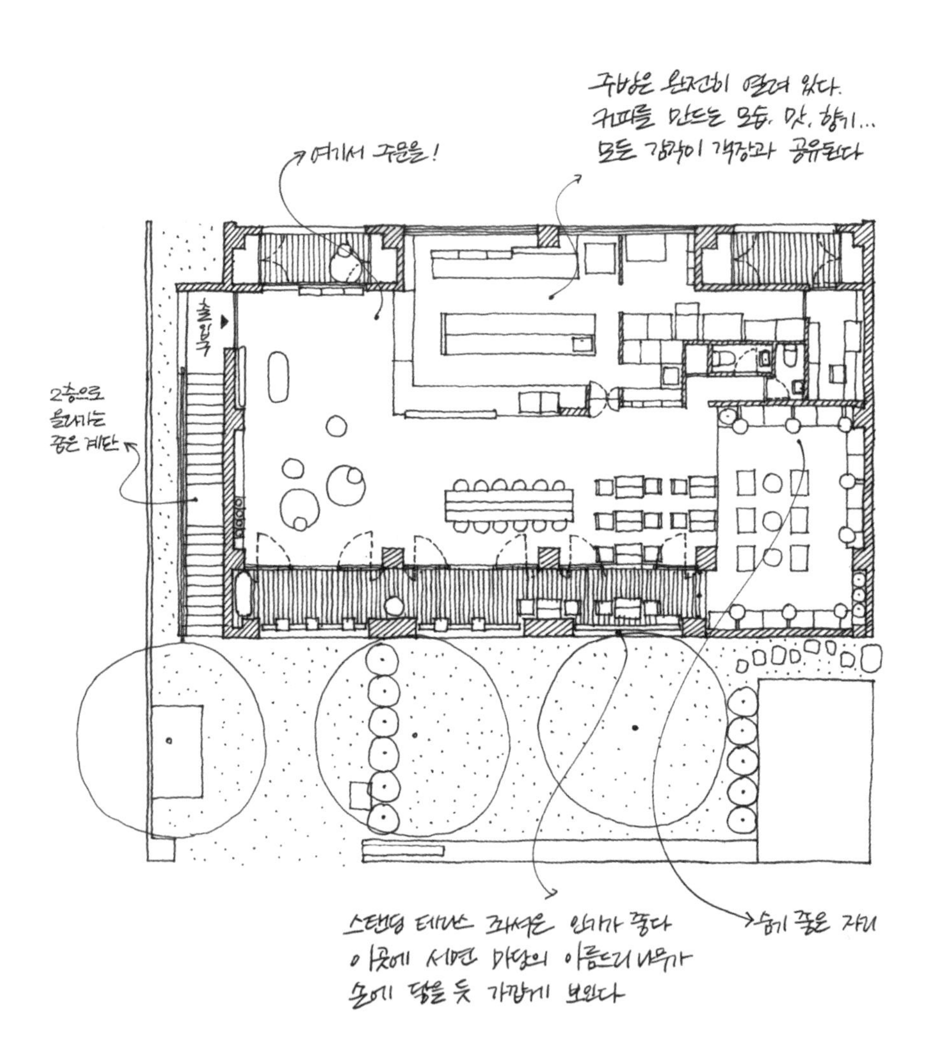

BLUE BOTTLE COFFE
AOYAMA

블루보틀 아오야마 지상2층 평면도

에서도 유행하는 소위 인더스트리얼 스타일industrial style 인테리어와 비슷해 보였고 마당을 바라보는 스탠딩 테라스standing terrace 좌석도 그리 특별할 것 없었다. 그렇지만 평일 아침 10시, 개장한 지 얼마 안 되었음에도 실내는 만석이요 카운터에는 이미 긴 줄이 늘어서 있었다. 자리에 앉아 천장을 다시 보니 마감재를 뜯어낸 게 아니라 처음부터 노출 콘크리트로 설계하여 조명등의 매립 위치는 물론, 깊이까지 섬세하게 조정되어 있는 걸 알게 되었다. 그제야 이 카페 공간의 범상치 않은 부분들이 하나둘 눈에 들어오기 시작했다.

가장 흥미로웠던 건 주방이었다. 매장과 주방 사이에 놓인 서빙 데스크는 사람 허리보다 낮았다. 그 위는 깔끔하게 치워져 드립drip 도구만이 가지런히 놓여있을 뿐이었다. 낮은 작업대 너머로 주방에서 커피를 내리는 바리스타의 일거수일투족이 훤히 들여다보였다. '오픈 키친open kitchen' 개념을 넘어서 손님과 직원이 공유하는 '셰어 키친share kitchen'에 가까운 모습이었다. 주방과 가까운 쪽 좌석에 앉아있으니 마치 나를 집에 초대한 친구가 커피를 내려주고 있는 것 같은 착각이 들 정도였다.

반면 주방에서 먼 쪽의 좌석은 정반대 개념으로 설계되었다. 푹신한 방석으로 된 의자와 테이블은 전체적으로 한 단 올려진 바닥 위에 있어 주방 근처 좌석과 영역이 구분되었다. 마치 오래 머무를 사람과 잠시 들르는 사람 사이의 심리적인 거리가 높이로 환산되어 반영된 것만 같았다. L자 형태로 꺾인 평면 탓에 주방에서도 좌석에서도 서

서빙 데스크 너머로 훤히 들여다보이는 주방.

로가 서로를 볼 수 없다. 직원을 의식하지 않고 머물고 싶은 만큼 편하게 있다 가라는 건축가의 배려였다.

전혀 다른 두 영역은 한 공간 안에서 절묘하게 조화를 이루고 있었다. 정말 커피를 마시고 싶은 사람은 낮은 주방 너머로 바리스타와 소통할 수 있는 곳에 앉으면 되고, 커피보다는 나만의 공간을 마음껏 쓰고 싶은 사람은 그 반대쪽에 앉으면 그만이었다. 두 부류의 사람들과 공간은 서로를 존중하며 그렇게 블루보틀이라는 하나의 공간을 완성하고 있었다.

마당에서 2층 매장으로 이어지는 좁은 계단. ©김현석

이 두 영역이 하나의 카페라는 걸 알 수 있게 해주는 유일한 단서는 입구에서부터 공간 전체를 두루 채우는 커피 향뿐이었다. 그 향이 유난히도 좋았던 건 단지 '로스팅한 지 48시간 이내의 질 좋은 원두를 사용한다'는 블루보틀의 원칙 때문만은 아니었을 것이다.

인간이 만든 조감도의 세상, 스카이트리

▲ 도쿄 스카이트리Tokyo SkyTree
● 안도 다다오安藤忠雄 & 닛켄 셋케이日建設計

조감도birds'-eye view는 문자 그대로 '새가 바라본 그림'이라는 뜻이다. 하늘 높은 곳에서 내려다보면 건물 전체가 한 장에 담길 수 있으니 남에게 설명하기 참으로 편리한 그림이다. 그래서 아파트나 상가 분양 광고에는 꼭 조감도로 본 건물과 함께 가까운 지하철역 표지판이 2~3배로 과장되어 그려지곤 한다. 하지만 이는 건축의 진짜 모습을 보여주기엔 그다지 적절하지 못한 도법이다. 인간은 결코 조감도와 같은 각도에서 건축을 경험하지 않기 때문이다.

볼 수도 없는 위치에서 바라본 그림을 보고 계약을 하고 투자를 받는 모양새니 문제가 생기지 않을 수가 없다. 훗날 완공된 건물에 들어가 눈높이eye-level에서 공간을 처음 바라보았을 때 왠지 모를 괴리감과 함께 속았다는 기분마저 든다면 혹 예전에 봤던 그림이 조감도는 아니었는지 다시 한번 들여다보면 좋겠다.

그럼에도 불구하고 인간에게 새와 같은 시야를 제공하는 도시 공간이 하나 있으니 바로 전망대다. 예나 지금이나 도시에는 수많은 전망대가 있다. 유럽의 중세 도시를 여행하다 보면 걸어서 꼭대기에 오를 수 있는 성당 지붕이나 종탑을 어렵지 않게 만날 수 있다. 또한 현대 도시에 즐비한 수백 미터 높이의 초고층 건물 최상층에도 으레 전망대나 스카이라운지를 두기 마련이다. 하늘과 조금이라도 더 가까워지고 싶은 인간의 욕망이 없었더라면 결코 경험할 수 없었던 조감도의 세상이 그 위에 있다. 새처럼 날아야만 볼 수 있었던 비非건축적인 풍경은 역설적이게도 첨단의 건축 기술과 공학이 만든 초고층 건축의 꼭대기 위에서라야 비로소 허락되는 것이다.

전 세계 초고층 건축물의 순위와 정보를 제공하는 세계초고층도시건축학회CTBUH에 따르면 2021년 현재 세계에서 가장 높은 '건축물'은 800*m*가 훌쩍 넘는 아랍에미리트 두바이의 부르즈 할리파Burj Khalifa다. 우리나라에서 제일 높은 잠실 롯데월드타워의 높이는 554.5*m*로 세계에서는 다섯 번째다. 그런데 목록을 자세히 보면 세계에서 가장 높은 '자립식 구조물'이라는 분야가 하나 더 있다. '건축물'이 사람이 사용하기 위해 세워진 공간을 뜻한다면, '자립식 구조물'은

지상에서 올려다본 스카이트리 전경.
이 거대한 구조물의 모습을 한 장의 사진으로 담으려면
허리를 뒤로 젖히는 이상의 노력이 필요하다.

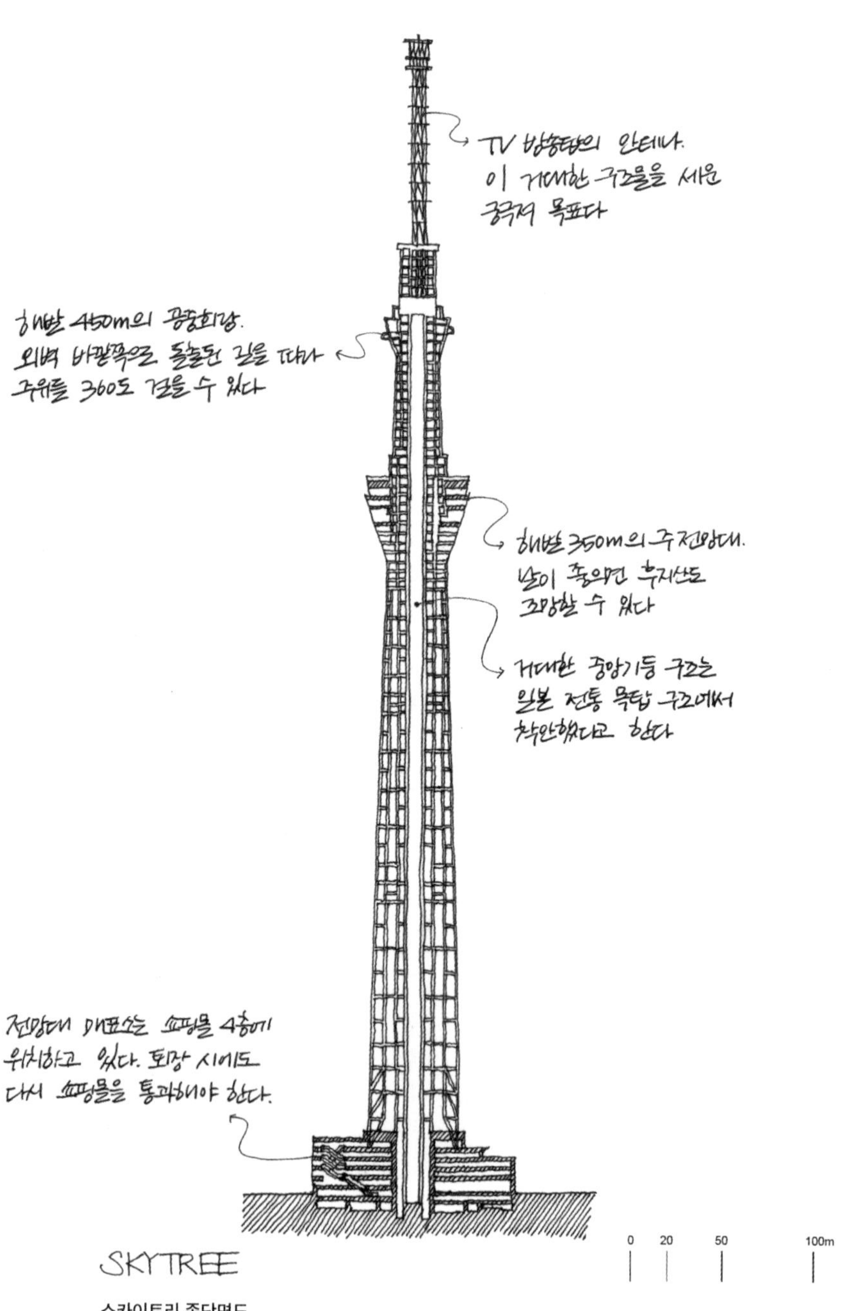
TV 방송탑의 안테나.
이 거대한 구조물을 세운
궁극적 목표다
해발 450m의 공중회랑.
외벽 바깥쪽으로 돌출된 길을 따라
주위를 360도 걸을 수 있다
해발 350m의 주전망대.
날이 좋으면 후지산도
조망할 수 있다
거대한 중앙기둥 구조는
일본 전통 목탑 구조에서
착안했다고 한다
전망대 매표소는 쇼핑몰 4층에
위치하고 있다. 퇴장 시에도
다시 쇼핑몰을 통과해야 한다.
0
20
50
100m
SKYTREE

스카이트리 종단면도

방송탑, 통신탑, 안테나와 같이 기능적인 이유로 세워진 구조물을 뜻한다. 현재 이 분야 세계 1위는 지난 2012년 도쿄에 지어진 '스카이트리Tokyo SkyTree'다.

도쿄의 야경은 주변으로 큰 산이 없어 마치 무한한 평면 우주와도 같다. 그 위로 불쑥 솟아오른 높이 634m짜리 구조물은 과연 그 이름처럼 '하늘 위로 자라는 나무' 같았다. 작은 삼각형 단위가 반복되는 형태의 구조체는 언뜻 나무껍질처럼 보이기도 하여 나의 상상력에 더욱 힘을 실어주고 있었다. 설계사는 닛켄 셋케이日建設計지만 구조체의 콘셉트는 건축가 안도 다다오安藤忠雄, 1941~와 조각가 스미카와 기이치澄川喜一, 1931~가 감수했다. 특유의 구조미는 강진에도 무너지지 않고 버텼던 일본의 목탑 구조에서 영감을 얻었다고 한다. 그래서인지 같은 재료로 지은 에펠탑이나 도쿄타워와도 조금 다른 감각이 느껴졌다. 각각 높이가 350m와 450m인 두 곳의 전망대에 오르기도 전부터 나는 기대감에 잔뜩 부풀어 있었다.

하지만 그 기대는 엘리베이터를 탑승하기도 전에 이미 산산이 부서졌다. 대개 초고층 전망대로 올라가는 탑승로에는 기다리면서 볼 수 있는 간단한 전시가 있거나 하다못해 영상이라도 틀어주기 마련이다. 그런데 이 600m짜리 타워의 엘리베이터 로비는 무표정하게 텅 비어 있다. 마치 설계나 시공을 하다 만 것처럼 인테리어마저 허술했다.

엘리베이터에 오르자 실망감은 더욱 커졌다. 카car 내부에서는 밖을 볼 수도 없고 그나마 잠시 틀어주는 안내 영상은 구석에 있는 작

'전망대'라는 이름을 붙이기 민망할 정도로,
창을 가로막은 기둥의 굵기와 비례가 과도해 보인다.

스카이트리의 둔탁한 창틀.

캐나다 CN타워의 날렵한 창틀. ©민경식

은 모니터가 전부였다. 1970년대에 지어진 남산타워 엘리베이터도 요즘엔 천장 전체를 스크린으로 쓰는데 말이다. 그나마 위안이 된 건 엘리베이터 속도가 무려 분속 600*m*로 상당히 빠른 덕분에 이 지루한 공간을 30초 정도만 잘 참으면 된다는 사실이었다.

첫 번째 전망대에 도착한 엘리베이터의 문이 바깥쪽을 향해 활짝 열렸다. 나의 시야에 처음 들어온 건 근사한 야경이 아닌 하얗고 거대한 기둥이었다. 모름지기 전망대라면 유리창을 더 크고 넓게 만들어 시야를 조금이라도 방해하는 요소를 제거하는 게 일반적이다. 하지만 지금 내 눈앞에 어른거리는 거대한 구조체는 도저히 그 뒤편의 야경에 집중할 수 없게 만들었다. 제아무리 스카이트리의 주된 목적이 전망이 아닌 방송 신호 송출임을 감안한다 하더라도 너무하다 싶었다.

애써 마음을 가라앉히고 기둥 너머 창밖의 야경으로 시선을 옮겼다. 하지만 거기에도 내가 기대했던 감동은 없었다. 스카이트리가 위치한 스미다구는 상대적으로 도쿄에서 낙후된 지역이다. 그러다 보니 주변에는 고층 건물이나 특징적인 야경 요소가 거의 없었다. 평탄한 도쿄의 지형 위로 사방으로 낮게 깔린 건물들은 기준점이 없어 방향감각마저 상실하게 만들었다. 남산에서 서울을 360도 돌아보면 북악, 종로, 시청, 여의도, 한강 등 사방으로 다채롭게 펼쳐지던 풍경과 상당히 대조적이었다. 한 바퀴 휘 둘러보고 곧장 두 번째 전망대로 향하는 엘리베이터에 올랐다. 부디 저 위에는 뭔가 반전이 있길 기대하며.

애석하게도 100*m* 더 높아진다고 해서 달라지는 건 없었다. '템보 갤러리아Tembo Galleria'라 이름 붙은 이곳은 타워의 외곽부를 따라 360도 돌아보는 갤러리로 되어 있었다. 이미 저 아래에서 실컷 보고 온 야경을 배경으로 텅 빈 복도를 천천히 걷는 건 참을 수 없을 만큼 지루한 경험이었다. 그 마저도 높이가 더 높아지니 사물이 작게 보여 집중력마저 흐려졌다. 게다가 이곳 역시 유리 프레임과 구조물이 내 신경을 건드렸다. 여러 각도로 휘어진 유리에 제멋대로 반사되는 실내조명까지 가세하니 정신이 거의 혼미해질 정도였다. 세계에서 가장 높은 구조물이라는 멋진 타이틀을 가진 건축에서 결코 마주치고 싶지 않았던 안타까운 풍경을 뒤로하고 나는 지상으로 내려올 수밖에 없었다.

영국 런던에는 스카이트리와 비슷한 이름의 '스카이가든sky garden'이란 건물이 있다. '트리'라는 단어가 건물 외적인 모습을 묘사한 것인데 반해 '가든'은 이 건물의 전망대 내부에 마련된 실내 정원에서 비롯된 이름이다. 스카이가든의 공중 정원에서 사람들은 런던의 조망을 배경으로 식사를 즐기고 차를 마신다. 가끔은 무료 요가 클래스도 열린다. 바라보는 전망이 늘 같아도 계절에 따라, 열리는 행사에 따라 전망대의 표정은 시시각각 변화한다. 사람들은 창밖의 풍경을 보기 위해서가 아니라 그 창을 배경으로 펼쳐지는 공간을 경험하기 위해 이곳을 찾는다. 이 특별한 전망대를 한 번도 못 와본 사람은 있어도 한 번만 온 사람은 없는 이유가 거기에 있다.

인간은 더 이상 새를 동경하지 않는다. 그건 더 이상 높은 곳에서 바라보는 행위만으론 감동을 줄 수 없다는 뜻이기도 하다. 우리의 관심은 이제 그곳에서 '무엇을 보는지'가 아닌 '무엇을 하는지'로 옮겨왔다. 그건 수백 미터 상공을 딛고 선다 한들 인간의 눈높이라는 게 고작 발끝에서 2m가 채 못 되는 높이에 불과하기 때문일지도 모른다.

배를 타는 공간, 배를 닮은 건축

요코하마 페리 터미널Yokohama International Passenger Terminal

F.O.A

"좋아하는 건축가는 누구예요?" 잘 먹는 음식이나 즐겨 듣는 음악을 물어보듯 사람들은 쉽게 질문했지만 나는 쉽게 대답할 수가 없었다. 학창 시절엔 지식이 짧아 많은 건축가를 알지 못해서였고, 건축가가 된 이후에는 자칫 나의 건축이 특정한 취향을 좇는 것처럼 보일까 두려워서였다. 다만 좋아하는 건축가는 쉽게 말할 수 없어도 좋아하는 건축은 늘 있었다. 항구, 기차역, 공항, 정류장 등. 어디론가 떠나가고 또 어디선가 오는 사람들이 모이는 공간에는 특유의 향취가 있다. 나는 이런 공간들을 사모한다.

'요코하마 페리 터미널Yokohama International Passenger Terminal'은 그런 공

간 중에서도 오래도록 팬이길 자처했던 건축이다. 기능으로 치자면 크루즈선이 정박하기 위한 항구 시설이고 생김새로 치자면 일명 '랜드스케이프 아키텍처landscape architecture◆'에 해당한다. 이 인상적인 건축의 또 다른 이름은 '오산바시大さん橋'다. 직역하면 '배를 정박하기 위한 큰 구조물桟橋'이란 뜻인데 사람이 쓰는 건축에 구조물이라 이름 붙인 게 흥미롭다. 아마도 거대한 면적과 크기의 터미널이 건물로 인지되기보다는 배가 정박하는 풍경 그 자체로 보이고 싶다는 건축가의 의지가 반영되었으리라.

국제현상설계를 통해 F.O.A가 당선된 것이 1995년이고 완공된 게 2002년이다. 학창 시절 처음 보았을 때만 해도 잡지 '근작' 코너에 있었던 건축을 20년이 지나서야 마침내 직접 보게 되었다. 늦봄의 비바람을 뚫고 이곳에 도착했을 때에는 마침 건물 양쪽으로 거대한 크루즈선 두 대가 정박해 있었다. 거주를 위한 건축은 사람이 들어가 살아야만 빛을 발하는 것처럼 배를 대기 위한 건축은 배가 정박해있을 때 비로소 완성되는 법이다. 그 모습이 마치 오랜 기다림 끝에 찾아온 나를 반기는 듯하여 내심 기분이 좋았다.

도시의 끝자락에서부터 바다를 향해 쭉 뻗은 팔처럼 생긴 평면은 정면이 상대적으로 짧고 측면이 대단히 길어 일반적인 건축의 감각과 차이가 있다. 마치 잘 세워진 한 척의 배와도 같은 형상이다. 건

◆ 건축물을 독립적인 객체(objet)로 보지 않고 주변 환경 또는 지형과 연속적인 관계를 맺어 풍경으로서 존재하게 하는 건축 개념.

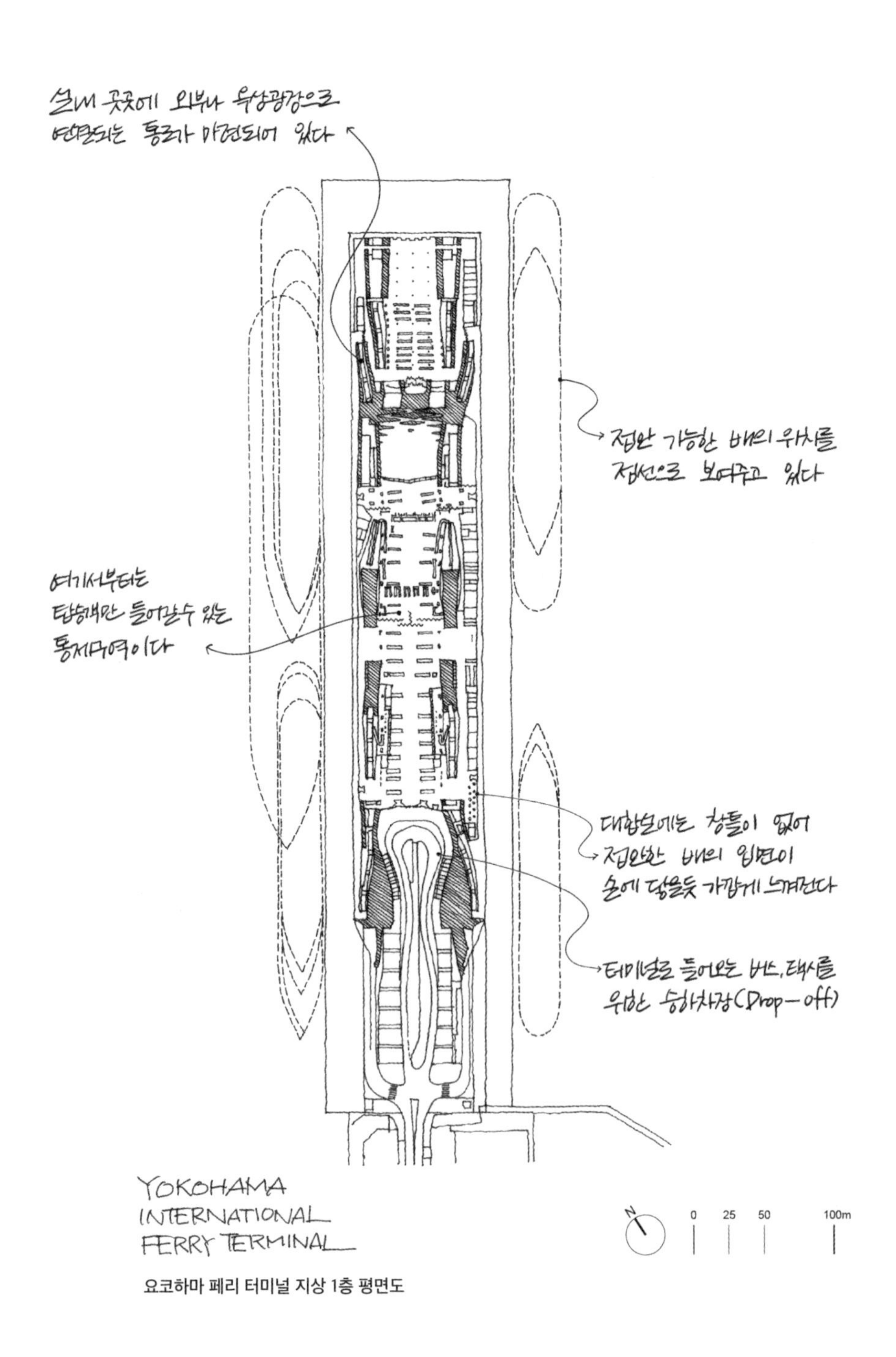

요코하마 페리 터미널 지상 1층 평면도

대합실에서 옥상광장으로 나가는 통로.

축의 '좌현'과 '우현'은 각각 배를 정박하기 위한 면이고 사람은 '선수船首', 그러니까 정면의 짧은 쪽을 통해서만 출입한다. 중력을 무시하듯 유선형에 가깝게 굽이치는 나무 데크를 따라 주 출입구에 들어서면 곧바로 탑승객 대합실이 나온다.

넓은 대합실에서 가장 먼저 눈에 띄는 건 천장이다. 거대한 강판을 마치 종이처럼 접어 만든 폴딩folding 구조는 대합실이나 체육관처럼 기둥 없는 대공간을 만들 때 종종 사용되는 방식이다. 다만 이곳이 배를 타기 위한 건축이라는 사실 때문인지 조금은 다르게 보였다. 배가 정박하는 방향과 평행하게 연속되는 천장 구조물은 마치 늑골

대기 공간에서 창을 통해 보이는 배의 입면.

frame*을 거꾸로 매달아놓은 것 같았다. 게다가 지은 지 오래되어 살짝 삐걱거리는 나무 바닥은 바닷물에 젖어 낡아버린 갑판을 연상시켰다. 이곳이 혹시 뒤집혀 있는 선체의 내부 어딘가는 아닐까 하는 재미있는 상상이 시작되는 순간이다.

배를 타고 있는 듯한 느낌은 대합실을 벗어나서도 계속된다. 이 건

* 선박 하부 굴곡을 따라 용골(keel)과 수직 방향으로 설치되어 횡강도를 담당하는 구조 부재.

축의 핵심은 끊이지 않고 순환하는 동선이다. 대합실에서 탑승장으로, 탑승장에서 옥상광장으로, 옥상광장에서 다시 대합실로 동선은 막다른 곳 없이 이어진다. 이 모든 공간의 천장과 벽은 앞선 대합실 천장의 강판과 동일한 재질로 되어 있다. 게다가 여러 조각의 판들은 거친 비드bead◆를 적나라하게 노출시키며 용접되어 있다. 이는 흔히 조선소에서 자주 쓰이는 맞댐 용접의 수법이다. 재료와 공법조차도 배를 닮은 공간이다.

건물의 양옆을 따라 길게 늘어선 공간은 배를 타기 전에 기다리는 곳이다. 의자에 앉으면 수평으로 긴 통창 너머 정박해 있는 크루즈선의 객실 쪽 입면이 적나라하게 보인다. 마치 건물의 비어 있는 한쪽 면을 크루즈선이 마저 채워주고 있는 듯했다. 선박 특유의 원형으로 나란히 배열된 창문들은 원래 건축의 일부였던 것만 같은 착시를 불러일으키기에 충분했다. 창틀을 천장과 바닥 속으로 숨겨 투명한 유리만 남긴 것 또한 중첩된 공간감에 일조한다. 흔히 볼 수 있는 디테일이지만 단순히 깔끔함을 위한 것이 아닌 배와 건축 간의 인지적인 경계를 허물고자 하는 의도를 여과 없이 드러내고 있었다.

배를 닮은 건축이라는 건축가의 생각은 곧 적절한 재료와 기술을 통해 실제 공간으로 구현되었다. 이 건축에서만큼은 배를 타기도 전에 이미 여행이 시작되는 것이며, 배에서 내려도 결코 여행이 끝나지

◆ 용접을 통해 용융된 금속이 굳어 생긴 띠 모양의 자국.

배와 건축이 하나가 되는 풍경.

않는 까닭이다.

1995년 설계 공모 당시 제출된 당선안의 지붕은 지금의 모습과 사뭇 달랐다. 조감도 속 유선형의 은백색 광택을 가지는 금속성 지붕은 미래적인 느낌마저 물씬 풍긴다. 무려 20여 년 뒤에 지어진 '동대문 디자인 플라자DDP'의 그것을 닮은 급진적인 디자인이었다. 아마도 건축가는 건축 전체를 하나의 거대한 선박 혹은 우주선처럼 만들고 싶었던 걸지도 모르겠다. 하지만 이 아이디어는 결국 예산과 안전 등의 이유로 실현되지 못했다. 대신 동일한 모양의 나무 데크가 거대한 옥상의 판 전체를 덮게 되었다.

경사로를 따라 옥상광장으로 나오면 제일 먼저 대양을 향해 시원스럽게 내뻗은 평탄하고 광활한 공간을 만난다. 그 옆으로 건물 10층 높이는 족히 넘어 보이는 두 대의 거대한 배가 바짝 붙어 서 있었다. 외벽과 테라스, 난간과 창문이 반복되며 만드는 크루즈선의 입면은 영락없는 건축의 파사드였다. 두 거대한 입면에 의해 둘러싸인 옥상광장은 과연 그 이름처럼 '광장'이라 불리기에 부족함이 없었다. 배를 닮은 건축과 건축을 닮은 배가 만나 만들어내는 도시적인 풍경이다.

그날은 궂은 날씨 때문인지 옥상광장에 인적이 드물었다. 하지만 화창한 날이면 이곳에서 꽤 많은 일이 벌어질 것임이 분명해 보였다. 오랜 항해를 마치고 마침내 정박한 크루즈선에서 옥상광장으로 쏟아져 내려오는 사람들의 모습이 눈에 훤했다. 아마 그들은 이곳에서 경치도 구경하고, 산책도 하며, 책도 읽고, 커피도 마실 것이다. 이곳은 요코하마라는 도시를 찾은 여행자들이 제일 먼저 만나게 되는 광장이자 도시 공간으로 기억될 것이다.

츠타야 서점은 책을 팔지 않는다

다이칸야마 T-사이트Daikanyama T-SITE

클라인 다이섬 아키텍처Klein Dytham Architecture

이제 막 일곱 살이 된 처조카는 나와 노는 걸 세상에서 제일 좋아한다. 나는 종종 그 기대에 부응하고자 집 안 구석구석 재밌는 물건을 찾곤 했다. 문득 서랍 한쪽에 처박아둔 오래된 수동 카메라가 생각났다. 대학 시절 사진 동호회를 하며 쓰던 것인데 오랫동안 꺼내본 적이 없는 물건이었다.

먼지를 툭툭 털어 아이 손에 쥐여줬다. 당연히 셔터를 눌러보거나 뷰파인더부터 들여다볼 줄 알았던 나는 적잖이 당황하고 말았다. 카메라 뒷면을 손가락으로 연신 터치하던 아이는 아무 반응이 없자 "고장 났어요?"하며 나를 빤히 쳐다보고 있었다. 요즘 아이들은 까맣고 네모난 물건을 보면 손가락부터 가져다 댄다더니 정말이었다. 노출값을 적은 메모지나 필름 상자를 오려 끼우던 검은색 플라스틱 조각이 천진난만한 아이의 눈에는 영락없는 터치스크린으로 보였던 것이다.

기술의 혁신과 인식의 변화는 이처럼 사물을 인지하는 방법마저도 바꾸어놓았다. 건축과 공간도 마찬가지다. 우리는 정보를 찾기 위해 도서관에 가는 대신 유튜브를 검색하고, 장을 보기 위해 마트에 가는 대신 한나절이면 로켓처럼 배송되는 앱을 켠다. 이제 인간의 행위를 담는 그릇은 더 이상 건축이 아닌 무형의 온라인 서비스다. 사실상 지난 2010년대는 인류가 이러한 변화를 당연한 것으로 받아들이는 과정이었다고 해도 과언이 아니다. 그런데 이러한 시대의 흐름을 역행하는 한 가게가 있다. 지난 2011년 도쿄에 문을 연 '다이칸야마 T-사이트Daikanyama T-SITE' 내에 위치한 '츠타야 서점'이다.

츠타야 서점은 1983년 오사카에 1호점을 열 때만 해도 비디오테이프 등을 빌려주는 아주 작은 가게에 불과했다. 하지만 그로부터 20여 년이 지나 명실상부 세계에서 가장 유명한 서점 중 한 곳이 되었다. 독서는 고사하고 인터넷 텍스트조차 잘 읽지 않으려 하는 시대에 이렇게 잘되는 서점이라니. 사람들의 이목은 집중되었고 곧 수많은 사업가, 기획자, 건축가들이 이곳을 다녀갔다. 이후 지난 10년간 우리나라 서점들에 생겨난 크고 작은 변화들이 츠타야를 벤치마킹했음은

츠타야 서점 전경과 독특한 외벽. 마치 잘 짜인 '직물' 혹은
'바구니'가 연상되는 모습은 실제 외벽의 구성 원리와도 닮아있다.

공공연한 사실이다. 한국에 막 입소문을 타기 시작했을 2013년 여름, 그곳을 찾았다.

다이칸야마 T-SITE는 다이칸야마 역에서 그리 멀지 않은 주택가에 있다. 고작 2층 높이 건물이라 생각보다 높진 않았지만 나무와 외부 공간을 가지는 제법 넓은 영역에 걸쳐 조성되어 있었다. 이곳 대지site 안에는 서점을 비롯하여 레스토랑 등 몇 개의 작은 편집 숍이 산책로를 따라 연결되어 있다. T-SITE라는 이름에는 이 모든 건물의 집합 그 자체로 하나의 복합문화공간이라는 의미가 내포되어 있다. 또한 사이트site는 인터넷 공간의 웹 페이지를 부르는 용어이기도 하다. T-SITE는 곧 온라인에서 정보를 검색하고 구매하는 일련의 행위를 오프라인의 건축에서 어떻게 공간으로 담아내야 하는지에 대한 답이기도 했다.

여러 동의 건물 중 중심이 되는 건 세 동이 다리로 연결된 형태의 츠타야 서점이다. 안에 들어서자마자 분류된 도서의 카테고리를 표시한 큰 안내판부터 눈에 들어온다. 우리에게 익숙한 'A 정기간행물'부터 시작하는 서점의 분류법이나 '000 총류'부터 시작하는 도서관의 분류 방식은 사용자보다 관리자의 편의에 더 무게가 실려 있다. 그렇기 때문에 찾으려는 책과 그 바로 옆에 놓인 책 사이에는 그 어떤 상관관계도 찾을 수가 없다. 전통적인 도서 분류 방식은 마치 도시에서 '지하철'을 타고 목적지에 가는 경험과 비슷하다. 역과 역, 책과 책은 불연속적이고 그 사이엔 오직 암흑뿐이다.

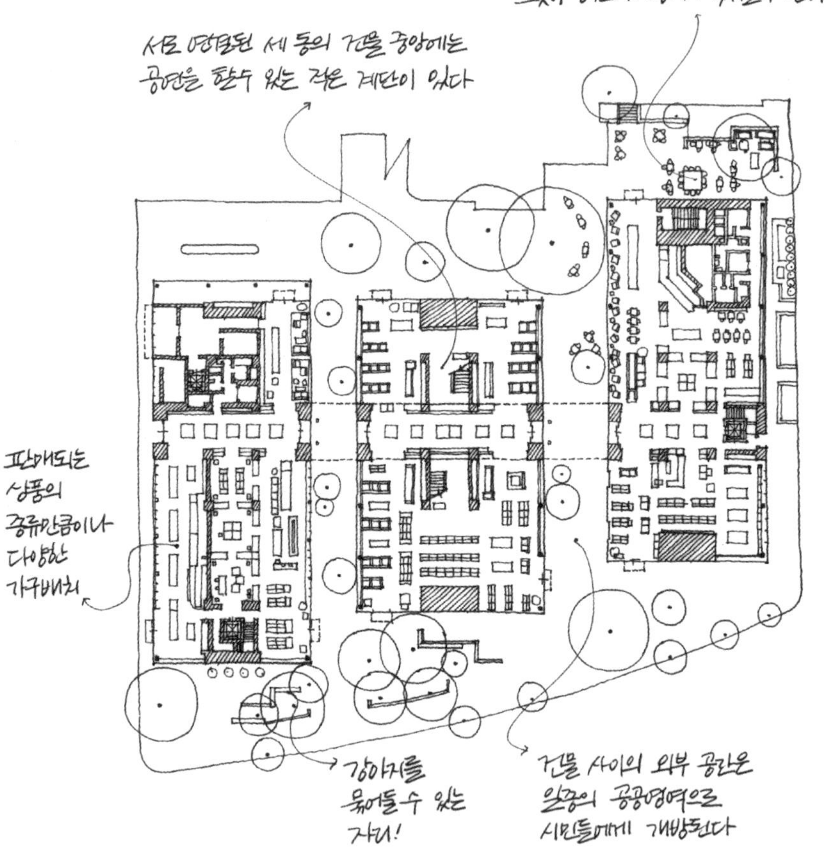

DAIKANYAMA
T-SITE

초타야 서점 지상 1층 평면도

책과 관련된 액자와 옷을 함께 진열 중인 매대.

반면에 츠타야 서점의 분류 방식은 그보단 오히려 천천히 달리는 '버스'에 가깝다. 건축, 요리, 여행, 자동차 등 특정 주제 하에 분류된 책은 보는 사람의 취향을 먼저 생각해 섬세하게 배치되었다. 각각의 주제는 알듯 말듯한 느슨한 상관관계를 가지며 서가를 채워나간다. 어느 한적한 시골길을 달리다가 갑자기 마음에 끌리는 정류장에서 버스를 내리듯, 찾던 책을 이내 잊어버리고 다른 책을 찾게 되는 자연스러운 경험이 이곳에서는 가능한 까닭이다.

건축을 보러 온 본연의 목적은 잠시 잊고 나 또한 한 명의 고객이 기꺼이 되어보기로 했다. 입구 근처에 있어 그리 어렵지 않게 찾은 '건축' 코너에는 일반 서점에서 보기 힘든 건축가의 드로잉이 담긴 귀한 서적이 즐비했다. 한참을 정신이 팔려 보다가 힐끗 곁눈질하니 방금 책에서 본 드로잉이 액자에 담겨 진열되어 있었다. 또 반대편 매대에는 같은 건축가의 작품을 본떠 출시된 레고 아키텍처Lego Architecture 제품들이 전시 중이다. 결국 건축 코너를 떠날 즈음에는 책은 물론이고 액자와 레고까지 양손 가득 들고 있는 나를 발견하게 된다. 이곳에서 쉽게 볼 수 있는 익숙한 장면이다.

츠타야 서점이 정보를 재편하고 진열하는 방식은 사실 새로운 것이 아니다. 하이퍼링크hyperlink라고 불리는 전통적인 온라인상의 구축 체계를 쏙 빼닮았기 때문이다. 쉽게 말해서 '딴 길로 새기 쉽도록' 만들어 놓는 방법이다. 이를테면 위키백과에서 경부고속도로를 검색하다가 어느새 평행우주론 문서를 읽고 있는 자신을 발견하는 것과 비슷한 이치다. 비록 목적한 바는 아니지만, 사람들은 그렇게 소비되는 우연한 여정을 기꺼이 즐긴다. 츠타야 서점에서 물건을 구입하는 행위도 똑같다. 예상에 없던 지출을 했으나 나의 생각의 흐름대로 따라간 것이니 아까워할 이유는 전혀 없다. 덩달아 서점의 매출 또한 올라가는 건 당연한 결과였으리라.

물론 이러한 정보의 제공 방식에는 부작용도 있다. 일명 확증편향confirmation bias의 패러독스다. 목적을 가지고 선택되어 진열되는 물건에는 누군가의 의도가 개입할 수밖에 없다. 의도된 공간에서 소비자는 기회비용과 시간을 아끼는 대신 평등한 선택의 권리를 잃는다. 다만 모든 선택은 소비자의 몫이다. 설사 내가 고른 한 권의 책이 철저한 큐레이션에 의해 들려진 것일지언정 한 권도 읽지 않는 것보다 한 권이라도 읽는 스스로에 만족하는 당신이라면 츠타야 서점이라는 도시 공간을 기쁜 마음으로 들어가게 될 것이다.

츠타야 서점이 문을 연 지 딱 10년이 지났다. 이곳을 변화하는 정보의 탐색과 인지의 방법에 맞추어 진화한 공간으로 본다면 그다음은 뭘까. 이미 인류는 정보를 자유롭게 탐색하는 시대를 지나 정보를 스스로 생산해내는 시대에 접어든 지 오래다. 어쩌면 2020년대에 새롭게 문을 여는 츠타야 서점의 다음 지점을 나서는 나의 손에는 3D 프린팅된 건축 모형이 들려있게 될 지도 모를 일이다.

작은 건축, 전시의 매력

다행히도 간밤에 모형에는 별일 없었다. 나 역시 그 옆에서 단잠을 잤다. 피곤하면 하루쯤 숙소 밖으로 나가지 않아도 되는 배낭여행과는 달리 출장에서 숙소는 전체 일정의 컨디션과 업무 효율을 결정하는 가장 중요하고도 유일한 조건이다. 그래서 매번 묵을 호텔을 직접 고르는 나의 손끝은 진지할 수밖에 없었다.

이번 호텔 선택은 탁월했다. 공항에서 가까운 건 물론이고 전시를 설치하게 될 미술관과도 걸어서 불과 5분 거리였다. 게다가 고급 주택가와 비즈니스 빌딩만 가득한 시나가와구의 특성상 호텔 앞은 적당한 편의시설이 있으면서도 조용하고 평화로웠다. 실제로 로비에는 외국이나 지방에서 출장온 양복 입은 회사원이 많이 보였다. 업무 목적으로 짧게 묵어가는 전형적인 비즈니스호텔이었다. 체크인이 늦은 탓에 흡연실을 받아

하라미술관 전시 참관기

나흘 내내 옷에서 담배 냄새를 풍겼던 걸 제외하면 모든 것이 과하지도 넘치지도 않는 최적의 숙소였다.
업무를 우선하여 호텔 위치를 정하면 좋은 점이 하나 더 있다. 여행자로는 결코 와볼 일이 없을 법한 동네에서 머물러 본다는 것이다. 시나가와 역시 특별한 목적이 있지 않고서는 일반적인 도쿄 여행 루트에서 들르기 쉽지 않은 곳이다. 하네다 공항과 가깝게 조성된 비즈니스 구역에는 다국적 기업의 도쿄 지사가 산재했고 그 주변으로는 조용하고 고급스러운 주택가가 있다. 실제로 대사관저도 여럿 보였는데 그 때문인지 서울의 한남동이나 성북동과 상당히 유사한 느낌이 들었다.
아침 식사를 마치고 짐을 챙겨 호텔을 나섰다. 가까운 거리였지만 짐이 있어 택시를 불렀다. 미술관의 정문은 아직 굳게 닫혀있었고 옆으로 작업자가 드나드는 쪽문이 보였다. 벨을 누르자 마사미 씨가 반갑게 맞이해주었다. 그녀는 이번 전시의 큐레이터이자 준비 과정에서부터 나와 수차례 메일을 주고받았던 담당자다. 이렇게 직접 얼굴을 보니 참 반가웠다. 안내를 받아 뒷마당 쪽에 위치한 카페에 들어서니 세계 각지에서 온 다른 전시 팀 스태프들이 이미 짐을 풀어놓고 있었다.

마침내 머릿속으로만 그려보던 전시장에 두 발을 디뎠다. 잠시 숨을 고르고 제일 먼저 확인했던 건 단연 공간감이었다. 설계하며 상상했던 천장의 높이, 벽의 비례, 바닥의 재질 따위가 과연 일치할지가 관건이었다. 전체 공간 규모에 비해 전시품이 너무 작다든지, 바닥이나 벽의 색상과 전시품의 색조가 미묘하게 다르다든지 따위의 상황이라면 크게 낭패였을 것이다. 다행히도 나의 감은 틀리지 않았다. 이제 설치만 잘하면 될 일이었다.

건설 현장의 시공관리 요소를 일컬어 '5M'이라고 한다. 인력Man, 자금Money, 재료Material, 장비Machine, 공법Method의 앞 글자를 딴 것이다. 전시 공간도 어떻게 보면 아주 작은 스케일의 건설 현장이다. 특히 해외 전시의 현장에서 위 다섯 가지 중 가장 많은 신경이 쓰이는 건 인력이다. 익숙지 않은 언어는 둘째 치더라도 급하면 친구, 선후배, 가족까지 불러서 일을 시킬 수도 있는 한국과는 달리 선택지가 현저하게 좁아지기 때문이다.

전시장 안에는 두 명의 일본인 엔지니어가 나를 기다리고 있

하라미술관 'The Nature Rules: 자연국가'展
'새들의 수도원' 전시장.

었다. 내가 가져온 모형이 설치될 곳은 가로 2.4*m*, 세로 4.2*m* 정도밖에 안 되는 작은 방인데 왼쪽 벽면엔 패널을 붙이고 오른쪽 벽면은 영상이 상영되도록 계획했다. 모형은 금속 와이어로 천장에서 달아매어 방의 중앙에 위치하도록 할 생각이었다.

좀 놀랐던 건 내가 도착하기도 전에 이미 패널과 영상 프로젝터 설치 작업이 완료되어 있었다는 점이다. 나중에 들어보니 영상의 밝기와 음향의 높낮이까지 내가 보낸 전시 계획안의 특성을 고려하여 세밀한 조율을 마친 상태였다고 한다. 물론 한국에서 출발하기 전부터 마사미 씨와 계획 및 설치 작업에 대한 사전 논의를 수차례 진행하긴 했으나 이렇게까지 완벽하게 파악되어 실무자에게 전달되었을 줄은 미처 몰랐다. 아무리 열심히 도면을 그려도 현장에만 가면 처음부터 다시 말로 설명해야 하는 상황에 익숙해서였는지 살짝 감동했다.

모형 설치가 일사천리로 완료되고 천장에서 이를 비추는 단 하나의 스포트라이트 설치가 시작됐다. 여러 개의 등기구를 갈아 끼워가며 각도, 세기, 범위 등을 조정해서 내게 보여주는데 몇 번을 바꿔봐도 마음에 들지 않았다. 작업자는 끝내 미술관 창고를 뒤져 다른 등기구를 가져와 나에게 오케이를 받았다.

설치된 조명을 미세조정하는 일은 전시 계획의 백미다. 작업자가 사다리를 타고 조명등을 천장에 걸면 내가 아래에서 조명의 각도나 범위 등을 보며 조정하고 확인해주는 식이다. 똑같은 공간이라 할지라도 조명등 하나의 각도, 밝기, 색상, 빛의 퍼짐 형상 등에 따라 그야말로 전혀 다른 느낌으로 연출되기 때문이다. 보통 전시 계획의 맨 마지막 작업인 만큼 조명 조정을 마치고 나면 그제야 비로소 긴장이 풀리곤 한다. 감독자의 마음에 들 때까지 최선을 다해준 엔지니어들 덕분에 설치가 무사히 완료되었다.

건축과 전시는 모두 공간을 다루는 것이기에 닮은 점이 참 많다. 공간, 빛, 동선, 재료 따위를 세밀하게 다루고 조정하는 일이며 도면이라는 도구를 통해 설계되고 누군가에 의해 시공되어야만 비로소 세상 앞에 내어지는 것처럼 말이다. 하지만 결정적인 차이점도 있는데 바로 '호흡'이다.

건축이라는 공간은 실제로 구현되기까지 설계 기간을 포함해 적어도 수개월에서 수년까지 소요되는 긴 호흡의 작업이다. 특히나 마스터플랜처럼 다루는 면적이 넓거나 초고층 건물처럼 높이가 높은 경우에는 그 이상의 시간이 걸리는 경우도 허다하다. 하지만 전시의 호흡은 비교적 짧다. 설계한 결과물이 시공되는 것을 눈으로 확인하는 것도 빠르고 일단 개막일이 지나고 나면 관람객들의 평가나 기사 등을 통해 피드백을 받는 것도 즉각적이다. 그리고 정해진 기간이 지나고 나면 가차 없이 폐기된다. 전시의 공간이란 곧 짧은 생명력으로 화려하게 피어났다 금세 시들어버리는 꽃처럼 그 빛을 발하고 이내 흔적도 없이 사라질 운명이다. 그게 바로 전시의 매력이다.

모든 작업이 마무리되고서야 한숨을 돌리고 주변을 돌아볼 여유가 생겼다. 공식적으로 전시가 오픈하기 전 아무도 없는 전시장을 홀로 거닐며 다른 작품을 먼저 감상할 수 있는 건 실무자에게 주어지는 작은 상이다. 올라퍼 엘리아슨Olafur Eliasson, 1967~, 반 시게루坂茂, 1957~, 이우환1936~, 스튜디오 뭄바이Studio Mumbai Architects……. 그 누구의 방해도 없이 저명한 예술가들의 작품을 홀로 만끽했다. 창밖으로 쏟아져 내려오는 햇살을 맞으며 평온을 느끼던 찰나 아랫층에서 마사미 씨가 다급하게 나를 부르는 소리가 들린다. 아차, 아직 출장 중이었지…….

중국

건축이 전하는 도시의 이야기

사용자가 된 건축가

건축가는 타인의 삶을 상상하며 공간을 만들지만, 실제로 그 안에서 어떤 일들이 일어나는지 확인할 수 없는 슬픈 운명을 가진 사람이다. 한창 공사 중일 때까지만 해도 집주인을 대신하여 온 집 안을 누비고 다니는 건 건축가다. 하지만 완공과 함께 열쇠를 건네고 나면 나의 자리는 다시 대문 밖이다. 그 집 방문 손잡이의 모양부터 화장실 타일의 색상까지 누구보다 잘 아는 한 사람임에도 초대받지 않는 한 영영 다시 볼 일 없는 공간이다. 매번 프로젝트가 끝날 때마다 희열을 느끼면서도 생때같은 자식을 빼앗기는 것만 같은 이상한 기분이 드는 건 그 때문이다.

그런 나에게도 사용자가 되어볼 기회가 주어졌다. 중국의 한 시골 마을의 마스터플랜 프로젝트를 맡게 되면서였다. 당시 우리 회사는 중국에 사무실을 두고 크고 작은 설계 프로젝트

중국 지사 파견기

를 진행하고 있었다. 설계 초반엔 한국의 사무실에서 근근이 작업을 했지만 중국 사무실과 긴밀한 협업이 이루어지기 시작하면서 소통의 한계에 부딪혔다. 결국 팀 전체가 중국으로 건너가서 단기 합숙 비슷한 것을 하게 되었다.

보름간 근무하게 될 중국 사무실은 우리 회사에서 직접 설계한 건물에 입주하고 있었다. 회사 작품집에서 도면으로만 보던 건축에 실제로 들어가 '거주'해볼 수 있는 절호의 찬스였다. 처음 가보는 중국이라는 나라에 대한 호기심보다는 사용자가 되어 경험하게 될 공간에 대한 관심이 더 컸던 것 같다. 날씨나 옷차림, 음식 따위를 대비하기보다는 회사 서버에서 건축 도면을 찾아내 각 공간의 쓰임새와 설계 개념을 공부하느라 더 많은 시간을 할애했으니 말이다. 출국을 하루 앞둔 나의 마음은 마치 개봉을 애타게 기다리던 영화의 표를 끊고 극장 앞에 선 골수팬의 마음과도 같았다.

베이징 서우두 국제공항에서부터 택시를 타고 20여 분쯤 달리자 상상했던 중국과는 조금 다른 고층 빌딩 숲이 나타났다. 지난 2008년 베이징 올림픽을 즈음하여 3환环 근처 차오양구朝阳区에 조성된 CBDCentral Business District였다. 우리나라로 치면 신도시나 택지개발지구처럼 큼직한 블록으로 재개발되어 고층 오피스와 주상복합 건물이 우후죽순처럼 들어서 있는 곳이다. 우리 회사의 사무실은 이 구역 가장 북쪽에 위치한 지상 36층짜리 상업-업무 복합건물의 12층에 위치했다. 지난 2004년 현상설계에 당선되어 지어진 차오와이 소호朝外SOHO라는 이름의 건물이다.

건축의 외형은 중국 전통 주거 형식 중 하나인 토루土樓를 닮았다. 고층부 주위를 둥그렇게 둘러싼 저층 오피스는 주위의 지저분하고 시끄러운 풍경으로부터 독립된 내부 환경을 만들기 위함이었다. CBD의 외곽에 위치한 특성상 바로 길 하나 건너편으로 오래된 주거지역이 마주하고 있음을 고려한 처사였다. 그 덕분에 건물 안쪽으로 지상 6층 높이에 마련된 옥상정원은 늘 한적하고 조용한 분위기였다. 매일 점심시간이면 정원에 모여 도시락을 먹거나 체조를 하는 사람들도 심심찮게 볼 수 있었다. 나 또한 종종 이곳에서 망중한을 즐겼다.

건물의 저층부는 바자bazaar*가 크게 관통하며 길의 양쪽으로

남루한 거리와 고층 빌딩 숲이 대조적인 출근길 풍경.

크고 작은 상점이 있다. 과도하게 크게 구획된 블록으로 인해 먼 거리를 돌아가게 된 행인을 배려하고 기존 도시의 풍경을 남기고자 하는 의도였다. 사람들은 건물을 관통하여 통행하고 있었으며, 통행로 양옆의 가게는 건물 안쪽 깊숙한 곳에 위치함에도 접근성이 좋아 손님으로 북적였다. 매일 점심시간이 되면 중국 직원들을 따라 자주 찾는 식당으로 향했다. 날씨가 흐릴 때에도 비를 맞거나 길을 건너지 않고도 도시의 골목을 걷는듯한 정취가 느껴져 좋았다.

◆ 작은 수레, 천막, 물건을 파는 사람들로 가득한 시장 거리.

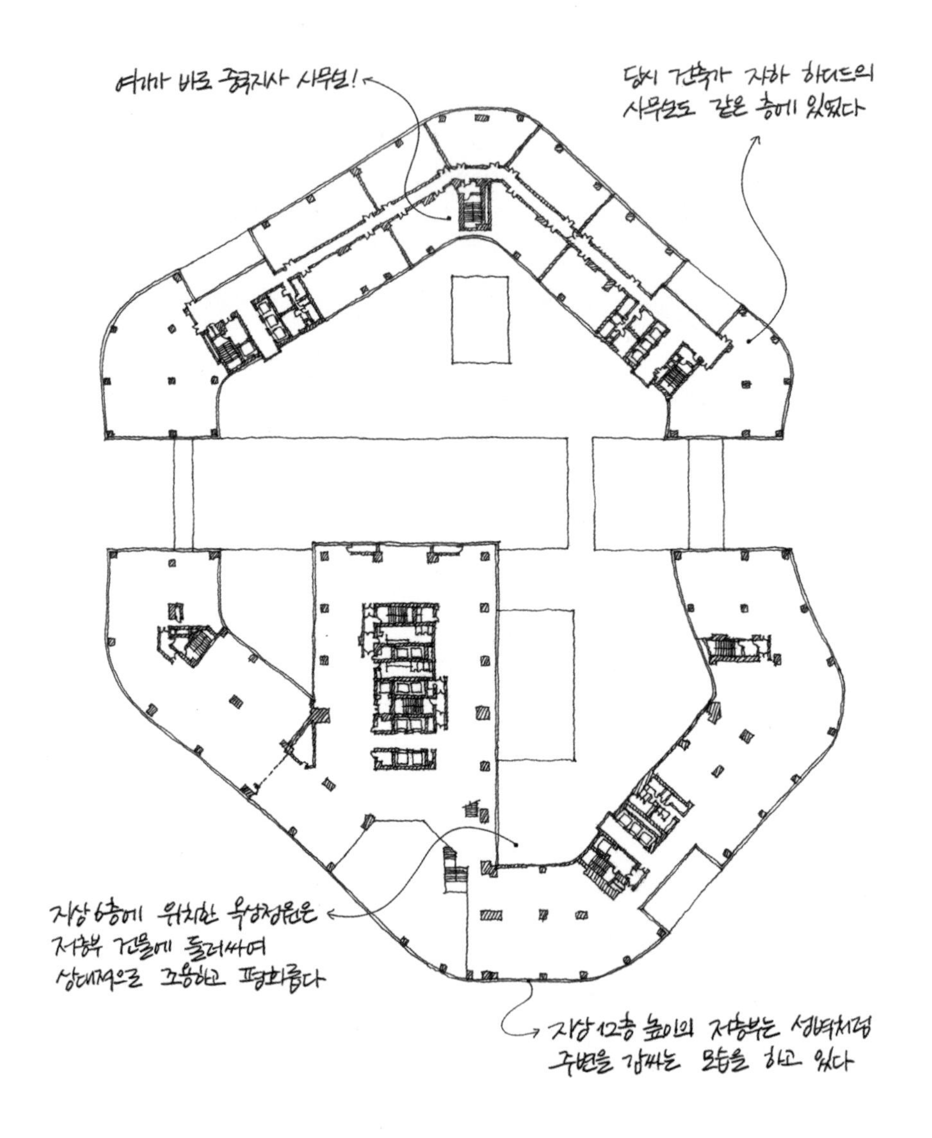

BEIJING
CHAOWAI SOHO

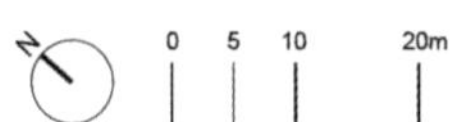

차오와이 소호 지상 12층 평면도

퇴근 후 나의 숙소는 왕복 8차선 도로 건너에 위치한 3성급 호텔이었다. 분명 길 하나 차이인데 회사 근처와 숙소 주변의 풍경은 완전히 달랐다. 걸어서 채 10분이 안 되는 짧은 거리를 걷는 동안 변화하는 주위 풍경은 10여 년의 시간을 오가는 듯했다. 포장조차 안 된 흙길 위에는 사무실에서는 볼 수 없었던 중국의 일상이 적나라하게 펼쳐져 있었다. 그런 풍경을 지나 잘 정리된 조경 위로 대리석과 유리가 반짝거리는 거대한 고층 건물 숲을 만나는 게 매일의 출근길이었다.

파견 기간 내내 나는 철저하게 사용자 입장에서 살았다. 누가 시키지 않아도 도면과 실제 공간을 비교해 가며 과연 설계 의도가 옳았는지 혼자 관찰하고, 비교하고, 확인하는 게 소소한 취미였다. 그래서인지 그곳에서 일하는 매 순간은 곧 즐거운 놀이이자 공부였다.

컴퓨터 앞에 앉아 열심히 도면을 그리던 나의 얼굴에 별안간 강렬한 햇살이 내리쬔다. 자연스럽게 작업을 잠시 멈추고 다시 사무실의 도면을 켰다. 외벽 상세도가 열리는 짧은 시간 동안 생각했다. '원래부터 설계에 차양이 없었던 건가?'

좋은 건물, 좋은 건축

▲ 갤럭시 소호银河SOHO
● 자하 하디드Zaha Hadid

요즘 들어 주변으로부터 건축과 도시에 대한 질문을 받는 일이 부쩍 많아졌다. 그건 아마도 우리 사회 저변에 건축과 도시에 대한 관심이 그만큼 커졌다는 의미가 아닐까. 지난 10년간 가장 많이 받은 질문은 단연 '동대문 디자인 플라자'에 대한 것이었다. 설계 공모 때부터 말이 많았고 지어진 후에도 두고두고 논란의 중심에 섰던 건축이다. 사람에 따라서는 좋다기도 하고 나쁘다기도 하는 이 독특하고 거대한 건축에 대해 건축가는 어떤 생각을 가지는지 다들 궁금해했다. 나의 대답은 한결같았다. 잘 건설된 건물이지만 좋은 건축이라고 하긴 어렵겠다고.

건축과 건설은 비슷해 보이지만 상당히 다른 개념이다. 공사장에서 등짐을 나르는 인부도 '건축 일'을 한다고 하는가 하면 건축가라는 직업을 소위 '공구리(콘크리트)' 깨나 만지는 육체노동 기술자로 오해하기도 한다. 단어의 개념이 불명확할 땐 다른 언어를 참조하면 좋다. 건축은 영어로 'Architecture'이고 건설은 영어로 'Construction'이다.

건축은 작게는 방과 방에서부터 크게는 사람과 사회의 관계를 논리적으로 탐구하여 공간으로 구현해내는 직능이다. 그래서 건축의 계약 성과품은 도서(도면과 문서)다. 반면 건설에서는 그 공간을 경제적이고, 안전하고, 효율적인 방법으로 땅 위에 지어내는 일련의 과정을 다룬다. 그래서 건설의 계약 성과품은 건물이다. 물론 건축이라는 것이 끝내 땅 위에 지어져 물리적으로 구축되어야만 비로소 존재하는 것이기에 건축가의 업역이 설계에만 국한될 수는 없다. 다만 이를 명확하게 구분하는 관점은 매우 중요하다.

동대문 디자인 플라자의 건설 과정은 과연 훌륭했다. 건축가 자하 하디드Zaha Hadid, 1950~2016 특유의 유선형, 비대칭, 자유 곡면의 난도 높은 건물이 도면대로 잘 지어졌기 때문이다. 통념적인 수직과 수평의 체계를 거부한 외피는 컴퓨터 시뮬레이션을 통해 정교한 치수와 곡률로 설계되었다. 수만 장으로 분할된 금속판의 치수 정보는 가공 공장으로 전송되어 한 치의 오차도 없이 생산되었다. 현장으로 운반된 각 패널들은 제 위치에 정확히 시공되었다. 최신 설계 기법과 고

2환 순환도로에서 본 갤럭시 소호 전경.

도의 건설 기술이 이룩한 쾌거였다. 실제로 이 건물을 지으며 우리나라의 비정형 건축물의 설계와 시공에 대한 수준이 비약적으로 높아졌다는 이야기를 어디선가 들은 기억이 있다.

하지만 이 건축의 존재 이유는 끝내 논리적으로 나를 설득시키지 못했다. 건축이 들어선 땅은 한양 도성의 성곽이 지나던 자리이자 조선시대 훈련도감이 있던 자리였다. 비록 일제에 의해 세워지긴 했어도 우리나라 스포츠 역사의 산증인과도 같은 동대문 운동장이 있던 곳이기도 했다. 같은 자리에 새로이 지어진 건물은 그 자리의 역사와 기록, 기억이나 유산 따위와는 그다지 관계있어 보이지 않는다. 혹자는 비정형의 형태 자체를 비판하기도 하지만 그건 어쩌면 취향 문제에 불과할지도 모른다. 모든 훌륭한 건설이 곧 좋은 건축이 될 수는 없는 법이다.

중정에서 올려다보는 풍경.

천년고도 베이징 시내 한복판에도 같은 건축가가 설계한 건물이 하나 있다. 자금성에서 동쪽으로 그리 멀지 않은 곳에 위치한 갤럭시 소호银河SOHO다. 최고 지상 15층 높이의 네 개 동 복합체로 이루어진 거대한 복합시설은 동대문 디자인 플라자보다 2년 앞선 2012년에 완공되었다. 상대적으로 훨씬 큰 규모와 건물 전체를 매 층마다 휘감아 도는 하얀색 수평 띠의 조형 때문인지 사진보다 실물이 더 압도적인 건축이다. 낮게 깔린 주변 스카이라인 위로 봉긋하게 솟은 유선형의 건물, 그리고 이를 휘감아 도는 곡선의 브릿지는 마치 공상 과학 영화의 한 장면을 연상시킨다.

지하도를 따라 2환环 순환도로를 건너면 갤럭시 소호의 중정으로 곧장 연결된다. 건축가는 이곳을 '중국의 전통적인 중정'을 차용한 공간이라고 설명했다. 하지만 눈앞에 펼쳐진 풍경은 너무도 생경해 여기가 중국인지 아닌지조차 헛갈리게 만들었다. 과연 건물의 이름처럼 다른 은하에 도달한 것만 같았다.

지하도를 통해 길을 건너오면
제일먼저 이곳 중정으로 나온다

빗금 친 부분은 엘리베이터나 화장실 등
서비스 용도로 쓰이는 부분들이다

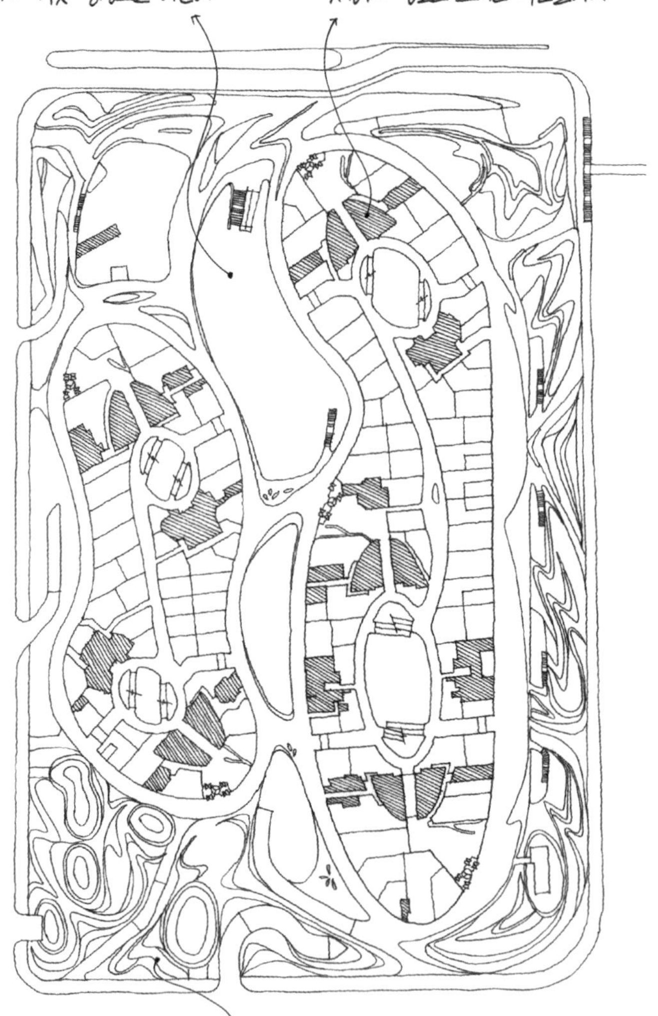

건물 주위의 조경 디자인 또한
특유의 유선형, 비정형 원리를 따른다

N
0 10 20 50m

银河SOHO

갤럭시 소호 지상 1층 평면도

다양한 곡률을 가지는 하얀색 알루미늄 패널은 한 치에 오차도 없이 제 자리에 들어맞아 매끈한 곡면을 이루고 있었다. 그뿐만 아니라 가구, 조명, 조경, 사이니지signage 등 건축 전반에 걸친 모든 것이 동일한 어휘로 긴밀하게 조직되어 하나의 완결된 체계를 형성하고 있었다. 세계 수도를 꿈꾸는 베이징 한복판에 세워질 스타 건축가의 작품으로는 더없이 완벽해 보였다.

다만 이번에도 건물이 들어선 자리가 문제였다. 이곳은 본래 후통胡同이라 불리는 전통 마을이 있던 곳이다. 좁은 골목길과 전통 가옥으로 이루어진 후통은 급격한 도시화와 함께 지난 2008년 베이징올림픽을 계기로 절반 이상이 건설업자에 의해 파괴되었다. 갤럭시 소호 또한 같은 이유에서 지어지는 내내 지역 주민과 시민사회의 맹렬한 비판을 받아야만 했다.

제아무리 설계의 모티프가 중국의 전통 건축이라고 한들 실재하는 도시를 흔적도 없이 지워버렸다는 점에서 결코 논쟁으로부터 자유로울 수 없었다. 심지어 지어지던 해에는 이 건물에 국제 건축상을 수여하려던 영국왕립건축가협회RIBA가 시민 단체의 항의를 받고 이를 취소하는 일까지 벌어졌다. 이런 현상은 비단 한 건축가가 직면했던 문제라기보다는 베이징이라는 도시 전체가 겪고 있는 진통이었다. 서울과 베이징의 심장부에 세워진 두 개의 건물은 '건설가'가 아닌 '건축가'로서 견지해야 할 입장을 상기시키는 징표로 남을 것이다.

출입문을 막 빠져나오려는 찰나 한 여인이 눈에 밟혔다. 안내 데스

안내 데스크의 소녀. 설계상의 완벽주의는 때론 의도치 않은 불편을 초래하기도 한다.

크에 앉아있던 그녀는 그리 추운 날씨가 아니었음에도 연신 두 손을 불어가며 떨고 있었다. 건축과 일체화되어 사뭇 조각품처럼 보이기까지 하는 가구는 형태의 완결성에 집중한 탓인지 난방 기구나 이를 수납할 수 있는 공간이 없어 보였다. 게다가 건물의 형상을 닮은 유선형의 공간은 책상 위와 서랍 속까지 훤히 들여다보여 내가 다 민망할 정도였다. 그래도 저 여인은 스타 건축가의 상징적인 '작품'에서 근무하고 있으니 행복할까. 아니면 그저 먹고살아야 해서 불편함을 감수하고 있을 뿐일까.

아직 앳되어 보이는 그녀는 어쩌면 사라진 이곳 후통에서 나고 자란 소녀였을지 모른다. 나의 중국어 실력이 아직도 서툰 탓에 직접 물어볼 수 없어 아쉬울 뿐이었다.

도시재생과
테세우스의 배

798예술구798艺术区

'테세우스의 배Ship of Theseus'는 그리스 신화에 등장하는 오래된 역설이다. 아테네 사람들은 미노타우로스를 죽인 테세우스가 타고 온 배를 오래도록 보존하기 위해 판자가 썩을 때마다 이를 떼어내고 새것으로 교체했다. 그렇게 계속하다 보니 어느 순간 배의 모든 판자가 새것으로 교체되었다. 고민은 '이 배를 여전히 테세우스의 배라고 부를 수 있는가'라는 물음에서 시작된다. 만약 '아니다'라고 대답한다면 대체 어디까지 교체되었을 때 진정성이 있다고 할 수 있을까. 그 기준 또한 모호하다.

건축하고는 별 관련이 없어 보이는 이 이야기가 종종 떠오르는 건

최근 들어 오래된 건축이나 도시를 고치는 일이 부쩍 많아졌기 때문이다. 수천 년 전 아테네 사람들의 고민은 지금 이 시대를 살아가는 우리에게도 여전히 유효하다.

지난 1965년 국제기념물유적협회ICOMOS는 일명 '베니스 헌장'이라 불리는 '기념물과 사적지의 보존, 복원을 위한 국제헌장'을 채택한다. 총 열여섯 개 조항으로 된 문장 안에는 오래된 건축과 도시를 대하는 원칙과 지혜가 충만하다. 그중 제11조에서는 "기념물의 축조에 정당하게 기여한 모든 시대적 요소는 존중되어야 한다. 양식의 통일이 복원의 목표가 아니기 때문이다"라고 복원의 의의를 밝히고 있다. 이어지는 항에서는 그 방법을 더욱 구체화하는데 "소실된 부분의 교체는 전체와 조화를 이루어야 한다. 단, 교체된 부분은 원래의 것과 구별이 되게 하여야 한다. 이는 복원이 예술적, 역사적 증거로서 왜곡을 초래하지 않기 위함이다"라고 기술한다. 쉽게 말해서 옛것은 옛것대로 새것은 새것대로 서로의 가치를 인정하며 고쳐 쓰는 것이 최선의 보존이자 복원이라는 뜻이다.

최근 대한민국에서 벌어지는 일명 '도시재생' 사업에도 이 헌장이 종종 소환된다. 도시는 물리적으로 '인프라'와 그 위에 세워지는 '건물'로 구분된다. 인프라에는 크게 도로, 상하수도, 전기, 가스 등이 포함된다. 도시를 고쳐 쓸 때 인프라는 그대로 둔 채 건물만 새것으로 바꾸면 '재건축'이 되고 인프라와 건물 모두를 새롭게 하면 '재개발'이라 부른다. '도시재생'은 인프라와 건물 모두를 그대로 둔 채로 그

용도나 사용 주체 등을 변경하여 고쳐 쓰는 방법이다. '경축, 재건축 확정'이라든지 '환영, 재개발 사업 착수' 같은 플래카드에 익숙한 대한민국 사회에서 도시재생은 여전히 생소한 개념이다. 하지만 이미 우리 주변 많은 도시 공간이 이 방법을 통해 변화하고 있다. 이를테면 철공소 거리에서 예술 창작촌이 된 문래동이나 수공업 공장지대가 스타트업의 성지로 변모한 성수동이 그 대표적인 사례다.

중국의 수도 베이징에는 그보다 훨씬 더 앞선 1990년대에 도시재생을 도입한 사례가 있다. 바로 '798예술구798艺术区'다. 시내 북동쪽 외곽 약 18만 평의 땅에는 예술가의 전시장과 작업실, 기념품점은 물론이고 각종 레스토랑까지 즐비하다. 넓고 평탄한 공간에 볼 것도 많고 살 것도 많으니 이미 오래전부터 패키지 관광에서조차 빼놓지 않고 들르는 명소가 되었다. 하지만 불과 30여 년 전까지만 해도 이곳은 군수품과 무기를 생산하는 공장지대였다. '798'이라는 이름은 보안상 공장의 위치를 감추기 위해 불리던 일종의 코드명에서 비롯된 흔적이다.

냉전시대가 막을 내리며 수많은 군수공장은 일제히 일감을 잃었다. 이후 중국 정부는 텅 빈 공장지대를 대규모 주거 단지로 재개발하는 계획을 수립하게 된다. 하지만 비워진 공장 건물에 예술가들이 하나둘 모여들기 시작했다. 결국 정부는 이곳을 예술구로 지정하기에 이른다. 낡고 오래된 공장 건물들은 새 주인을 만나 쓸모를 얻었

낡고 오래된 공장 건물을 재활용한 798예술구의 풍경.

고 버려진 도시에는 새로운 생명력이 피어났다. 그렇게 798예술구는 탄생했다.

높은 층고, 넓은 마당, 균일한 채광과 환기 같은 공장건축 고유의 공간적 특징은 예술가들이 원하는 작업환경과도 절묘하게 맞아떨어졌다. 대포와 화약을 생산하던 공장 건물은 도자기와 공예품을 만드는 작업실이 됐고, 작업자들이 일사불란하게 군복을 수선하던 넓은 공터는 조각과 그림을 거는 전시장으로 탈바꿈했다. 각 건물로 가스와 기름을 공급하던 파이프라인마저 고가도로가 되어 시민들과 관광객이 걸어 다닌다. 모두 기존의 물리적 환경을 최대한 보전하면서도 필요한 기능만을 덧대어 만들어낸 결과였다. 덕분에 이곳에는 일반적인 도시 공간에선 결코 찾아볼 수 없는 의외성과 독창성으로 가득하다. 자칫 최초 계획대로 재개발되었더라면 흔적조차 없이 사라져 버렸을 풍경이다.

예술구 정중앙에 위치한 '스페이스 갤러리798时态空间'는 수많은 건물 중에서도 단연 인기가 높은 곳이다. 전시 공간의 인상적인 곡선 천장과 고측창clearstory◆은 군수창고로 쓰이던 시절 작업자의 눈부심을 방지하기 위해 고안된 것이었다. 천장 한쪽에 붉은 글씨로 쓰인 '마오 주석 만세 만만세毛主席 万岁 万万岁' 등의 사회주의 구호는 지금도 그대로 남아 이 공간의 역사를 여과 없이 보여준다.

◆ 주로 환기 또는 채광의 목적으로 사람 눈높이보다 높은 위치에 설치하는 창.

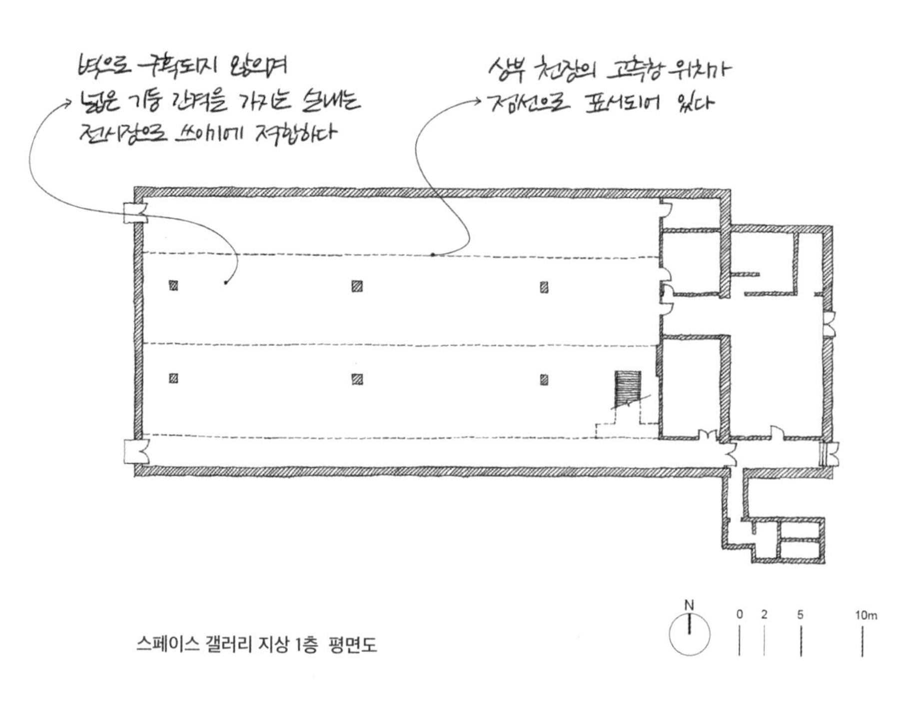

스페이스 갤러리 지상 1층 평면도

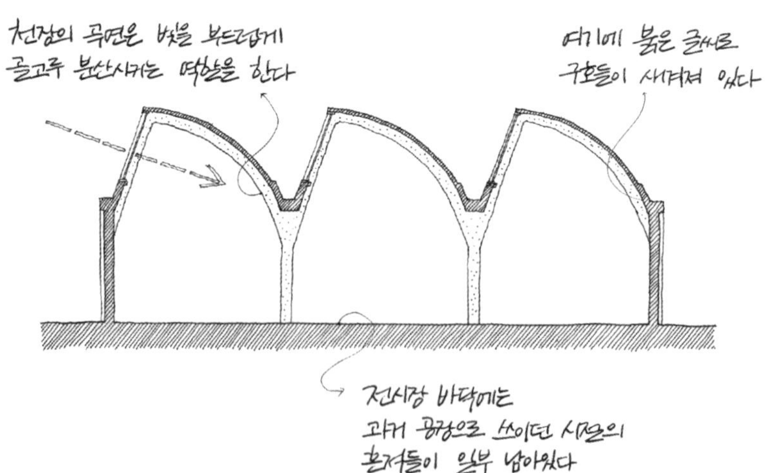

798 时态空间

스페이스 갤러리 종단면도

스페이스 갤러리 전시장 전경.

전체 8.6*m*에 달하는 높은 층고에도 불구하고 미술품을 전시하기 위해 덧대진 하얀 벽체는 딱 사람 눈높이까지가 전부다. 나머지 모든 것들은 1950년대 공장 건물로 지어진 당시와 지금도 크게 다르지 않다. 여느 미술관 건축에 견주어도 손색없을 정도로 인상적인 공간이지만 이는 설계되었다기보다는 그저 옛것을 존중하는 태도로부터 얻어진 우연의 결과였다.

건축은 단단하고 도시는 거대하다. 그래서 우리는 종종 건축과 도시

전시장 벽에 남아있는 시간의 흔적.
그림이 걸리기 위한 약간의 흰 벽면을 제외하고는
바닥, 벽, 천장 모든 것이 과거 공장에서 쓰이던 모습 그대로다.

가 영원히 변치 않을 거라고 쉽게 착각한다. 인간의 일생이 건축과 도시의 시간보다 터무니없이 짧기 때문이다. 하지만 사람이 변하면 시대가 변하듯 건축과 도시 또한 늘 변화한다. 798호 군수공장을 설계했던 무명의 건축가는 훗날 그곳에서 일어날 일을 상상이나 했을까.

물건은 쓰다가 질리면 새로 바꾸면 그만이지만 건축은 쉽게 그리될 수 없다. 다만 건축은 여러 시대와 사람을 거치며 오래도록 쓰이고 읽힐 따름이다. 고치고 덧대어질수록 예측하지 못했던 수많은 새로움으로 우리의 도시 공간을 재편할 것이다.

한 장의 판자를 덧대던 아테네 사람들의 손길보다 한 줄의 선을 그리는 나의 손길이 더욱 조심스러운 이유가 거기에 있다. 건축가가 죽고 없어도 건축은 끝내 남아 없어지지 않을 것임을 너무도 잘 알기에.

물로 지은 수영장

워터큐브水立方

PWP PTW+CCDI+Arup

2008 베이징올림픽 한국 팀 최고의 스타는 단연 박태환이었다. 남자 400m 자유형 결승에서 3분 41초 86의 기록으로 골인한 그는 대한민국 올림픽 수영 역사상 최초의 금메달리스트가 되었다. 곧이어 거행된 시상식에서 중계진의 카메라는 선수들의 얼굴을 비춘 뒤 이내 위를 향해 서서히 줌을 당기기 시작했다. 화면 가득 커지는 태극기 뒤로 나의 시선이 멈춘 곳은 다름 아닌 수영장의 천장이었다. 마치 물방울이나 비눗방울처럼 보이는 독특한 형태의 구조물이 눈에 띄었다. 곧 검색을 통해 이 건물의 이름이 '워터큐브水立方'이고 주된 외장재는 불소수지 필름의 일종인 ETFEEthylene Tetra Fluoro Ethylene라는 사실

워터큐브 전경.

을 알게 되었다.

ETFE는 한마디로 말해서 비닐하우스의 그 '비닐'이다. 물론 실제론 염화비닐수지에 비해 ETFE의 물리적 특성이 월등히 우수하지만 막surface으로 건축의 외부를 감싼다는 기본 개념은 동일하다. 국내에도 사용된 사례가 있긴 했으나 본격적으로 관심이 커진 건 베이징올림픽을 전후해서부터다. 유럽에서는 이미 1980년대부터 지붕재로 각광받으며 주로 넓고 높은 대공간을 만드는 데에 쓰였다. 대표적인 사례로는 거대한 돔형 식물원을 구현한 영국의 '에덴 프로젝트

수영장 상부의 ETFE 천장 구조. ©최현

Eden Project, 2001'라든지 해외 축구 팬들에게 익숙한 독일의 '알리안츠 아레나Allianz Arena, 2005'가 있다. 두 사례 모두 여러 장의 ETFE 필름 안에 공기를 불어넣어 외벽이 일종의 풍선처럼 보이는 것이 특징이다.

이 얇은 필름은 전통적인 투명 재료인 유리에 비해 다양한 장점을 가졌다. 일단은 유리 밀도의 100분의 1 정도밖에 안 될 정도로 가볍다. 덕분에 현장 조달이나 소운반에 유리한 것은 물론이고 이를 지지하는 구조체를 가늘게 만들 수 있어 조형적으로도 탁월하다. 그뿐만 아니라 단열에도 효과적이다. 일반적인 복층유리sealed pair-glass 내부의 공기층이 12㎜ 정도인데 반해 ETFE에는 1.2m 혹은 그 이상도 공기를 불어넣을 수 있다. 두터운 공기층은 마치 겨울철에 입는 구스다운 패딩과 같이 건물을 감싸 보온하는 역할을 한다.

특히 빛을 발하는 건 화재가 발생했을 때다. 소방 활동이나 탈출을 위해선 창을 열거나 깨야 하는 유리와 달리 ETFE는 불이 닿으면 번지지 않고 그대로 녹아내린다. 그렇게 생겨난 구멍은 그 자체로 훌륭한 배연구이자 피난구가 된다. 화재를 진압한 후에는 새 필름으로 갈아 끼우기만 하면 되니 말끔하게 복원마저 가능하다. 정말 이보다 더 좋은 건축 재료가 또 있을까 싶을 정도다.

하지만 세상에 완벽한 재료는 없다. 불에 잘 녹는다는 건 자칫 작은 불씨 하나에도 쉽게 망가질 수 있다는 뜻이기도 하다. 견고해야 할 건축의 외벽이 커터 칼이나 담뱃불 하나에도 손상될 수 있다는 점은 치명적인 약점이다. 그렇기에 일반적으로 이 재료는 사람의 손이 닿지 않거나 직접 접근할 수 없는 곳에 사용하는 것이 원칙이다. 또한 사계절이 뚜렷하고 봄가을 황사와 미세먼지마저 심한 우리나라에선 유독 유지·관리에 애를 먹는다. 원래대로라면 특수하게 처리된 ETFE의 표면은 마치 연꽃잎처럼 자정작용이 가능해야 한다. 하지만 시공 중 혹은 관리 중에 생긴 문제로 인해 오염되는 경우가 다반사다. 서울시청 신청사의 세종대로를 향해 툭 튀어나온 옆면이 그 대표적인 예이다. 손상된 표면에는 지저분한 먼지가 쌓여 비가 내려도 씻기지 않고 그대로 남아 있다.

한 변의 길이가 약 177*m*, 높이 31*m*에 달하는 워터큐브에는 총 10만m^2에 달하는 ETFE 필름이 사용되었다. 벽체는 세 겹, 지붕은 네 겹의 필름을 사용하여 여러 층의 공기막을 형성했다. 이는 불어오는 바람과 쌓인 눈의 하중을 견디는 데에 도움이 되며 건물 내부로 투과하는 태양광을 효과적으로 제어한다. 또한 지면과 가까운 부분에는 다른 재료를 사용하여 유지·관리 상의 부담 또한 줄였다. 설계 단계부터 재료의 특성을 섬세하게 고려한 결과였다.

건물에 사용된 3,000여 개의 ETFE 유닛은 단 한 개도 같은 모양이

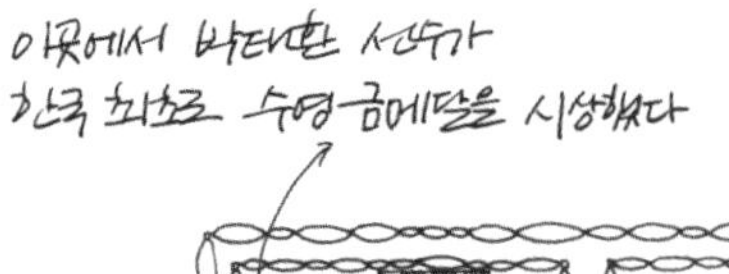

블록렌즈 모양의 ETFE 유닛이 연속되며
마치 '비엔나소시지'처럼 보인다

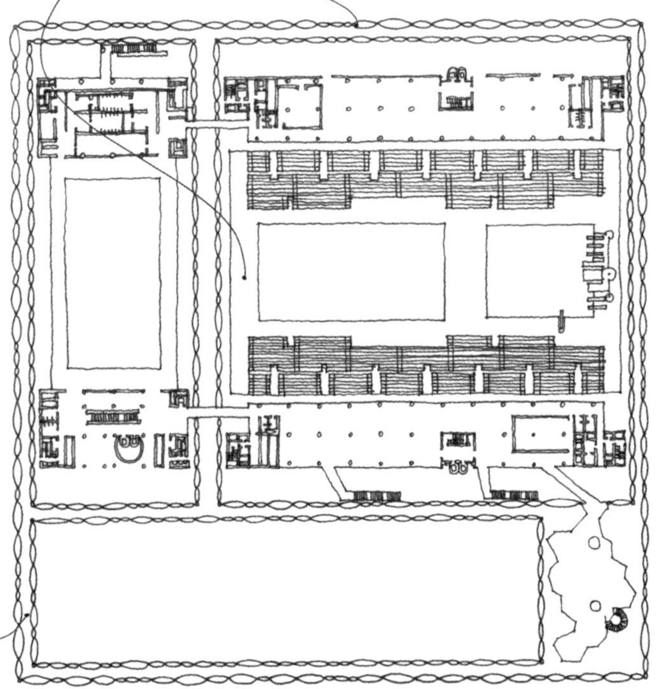

이중으로 구성된 외피는
실내를 세 개의 영역으로 구분하며
건물의 에너지 효율에도 도움을 준다

WATER³
水立方

N 0 10 20 50m

워터큐브 지상 2층 평면도

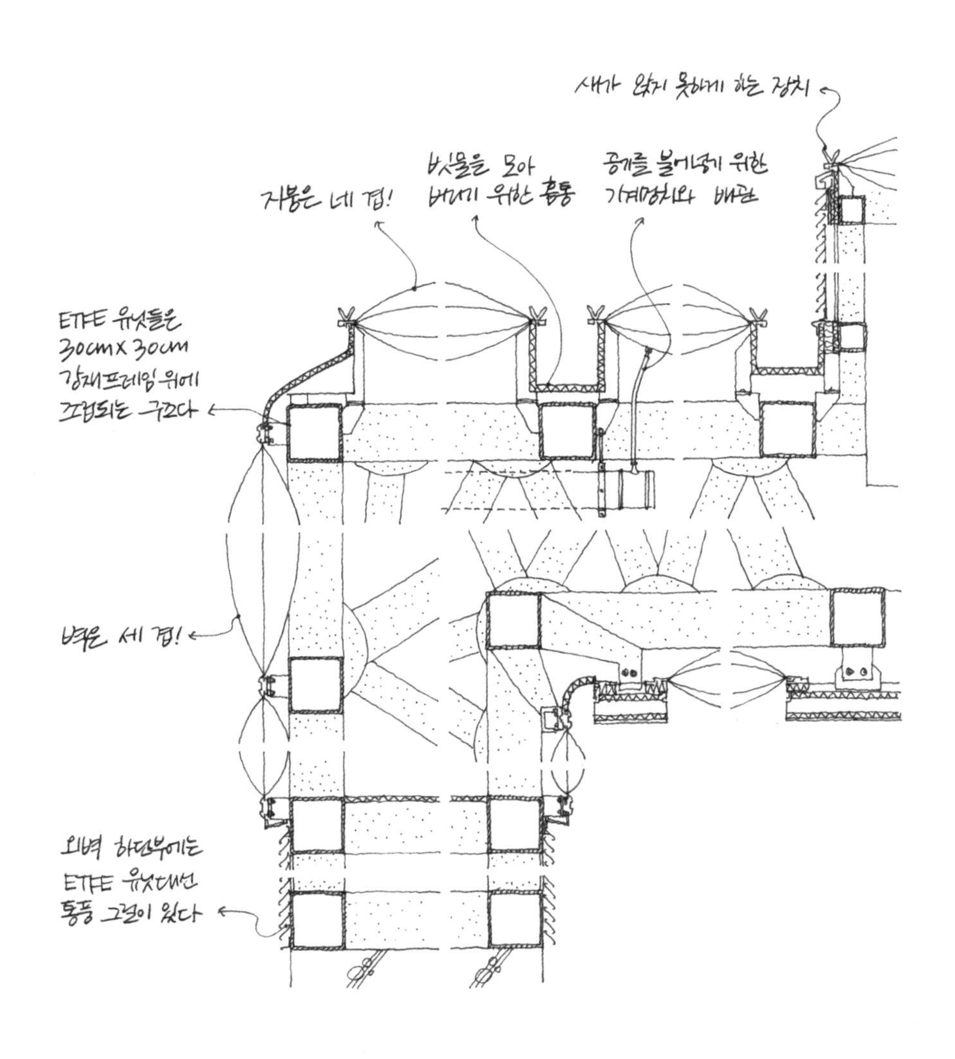

워터큐브 외벽 단면 상세도

없다. 보통 건축 외피에 불규칙한 형태가 반복되는 경우 설계 중에 마치 최소공배수를 구하듯 표준화된 유형으로 정리하는 과정을 거치게 된다. 수천 가지 다른 모양을 일일이 만드는 건 돈과 시간이 너무 많이 드는 일이기 때문이다. 하지만 인건비가 저렴한 중국에서는 그럴 필요가 없었던 모양이다. 각 유닛은 표준화 과정을 거치지 않고 현장에서 각기 다른 치수대로 시공되었다. 최신의 건축 재료와 재래식 건설 기술의 절묘한 만남이 탄생시킨 건축이다.

이 독특한 재료는 내부 공간과도 조응한다. 수영을 하며 올려다보이는 천장은 마치 햇살 좋은 날 잠수하며 바라본 물 밖의 모습과 닮았다. 반대로 두께가 다른 여러 개의 공기층을 통과한 햇빛은 고도에 따라 내부로 독특한 그림자를 드리운다. 마치 벽과 천장이 '물'로 된 건축에 들어와 있는 듯한 착각마저 든다. 건축가는 이 건물의 이름을 세제곱 첨자를 이용해 'Water^3'라고 표기한다. 중국어로는 수입방水立方(물로 만든 입방체)이다. 즉 물로 지은 건축이라는 뜻이다.

건축가에게 있어 재료란 건축의 구성 요소 중 하나가 아니라 건축 그 자체와 마찬가지다. 만약 워터큐브가 ETFE라는 재료로 설계되지 않았더라면 지금과 같은 형태나 공간과는 전혀 다른 모습이 되었을 거란 뜻이다. 그렇기에 재료는 모든 공간을 다 설계해놓고 뒤늦게 선택할 수 있는 것이 결코 아니다. 설계의 시작에서부터 혹은 그보다 이전에 대지site를 방문하는 그 순간부터 재료에 대한 건축가의 고민이 시작되는 까닭이다.

베이징올림픽이 폐막한 이후 벌써 두 번의 하계 올림픽이 더 열렸지만 아직 워터큐브보다 더 신기한 수영장은 등장하지 않았다. 하지만 금메달을 향한 선수들의 노력이 계속되듯 새로운 재료에 대한 건축가들의 도전도 멈추지 않을 것이다. 새로운 재료는 곧 새로운 공간의 탄생을 수반한다. 어쩌면 미래의 어느 올림픽에서는 물방울을 닮은 수영장이 아닌 진짜 물로 지은 건축에서 수영하는 날도 올 수 있지 않을까.

추모의 공간,
슬픔의 건축

난징 대학살 기념관南京大屠杀纪念馆

치강齐康

온칼로Onkalo. 핀란드어로 '은둔자' 혹은 '숨겨진 곳'이라는 이름이 붙은 이 시설은 핀란드 영구 동토층에 추진 중인 방사능 폐기물의 영구 처분장이다. 밀봉된 채 시설 깊숙한 곳에 매립될 방사능 폐기물은 반감 주기에 따라 약 10만 년 정도가 지나야 겨우 자연 상태와 가까운 안전한 수치에 도달한다. 때문에 이 시설은 최소 10만 년간 인류 혹은 자연에 의한 변화로부터 안전할 수 있도록 설계되었다. 사람이 사용하는 공간을 설계하는 건축가가 이런 부류의 시설에 관심을 가질 이유는 딱히 없다. 그럼에도 불구하고 이 시설이 나의 관심을 끈 것은 다름 아닌 입구의 조각 때문이었다.

날카로운 유리나 가시처럼 생긴 조형물은 시설로 진입하는 넓은 지역에 걸쳐 흩뿌리듯이 계획되었다. 비록 실현되지는 않았지만 누군가 혹은 무언가로부터 이곳을 지키기 위해 고안된 묘수였다. 현생 인류인 호모 사피엔스의 가장 오래된 화석이 약 30만 년 전임을 감안할 때 앞으로 10만 년간 이 시설에 누가 접근하게 될지는 예측조차 무의미했다. 그렇기에 언제 사라질지 모르는 글이나 문자보다는 더욱 범용성이 높은 경고 메시지가 필요했을 것이다. 날카로운 형태는 곧 인류는 물론이고 외계 생명체에게조차 위험성을 직관적으로 인지하게 하기 위함이었다. 이성보다는 감성에 호소하는 방법을 택한 것이다.

건축 설계는 전적으로 논리의 산물이기에 이성에 더 의존할 수밖에 없다. 그럼에도 건축도 때로는 감성에 호소해야 하는 순간이 있다. 그건 이성만으론 채 이해조차 어려운 '슬픔'이라는 감정을 담아야 할 때이다.

난징 대학살南京大屠杀은 중일전쟁 당시 중화민국의 수도 난징南京을 점령한 일본이 군대를 동원하여 중국인을 무차별 학살한 사건이다. 이로 인해 무려 30만 명에서 100만 명 가까운 중국인이 희생되었다. 2015년 유네스코 세계문화유산으로 등재된 이 역사적 사건은 서양의 나치 홀로코스트와 견주어지며 실제로 '아시아판 홀로코스트'라고도 불린다.

동서양의 역사에서 지울 수 없는 가장 큰 슬픔을 겪은 두 도시 난징과 베를린에는 두 사건을 기억하기 위한 기념관이 지어졌다. 각각 중국인과 유대인 건축가가 설계한 '난징 대학살 기념관Nanjing Massacre Memorial Hall'과 '베를린 유대인 박물관Jewish Museum Berlin'이다. 두 건물 모두 공교롭게도 날카롭고 불편한 형태를 차용하고 있다. 이는 말과 글로 설명하지 않아도 보는 이로 하여금 이 건축에 담긴 진실과 슬픔의 무게를 가늠하게 만든다. 이성보다는 감성에 호소하는 건축이길 스스로 택한 것이다.

난징 대학살 기념관의 평면은 밑변이 짧은 예각삼각형 모양을 하고 있다. 이는 건물이 들어선 도시의 블록 형상을 그대로 받아들인 결과였다. 입구에 면한 거대한 광장으로부터 계단식으로 시작되는 건물의 옥상은 곧 광장의 연장선이다. 이곳에서 건축은 특별한 형상이나 상징이라기보다는 도시 풍경의 일부로서 존재하고 있다. 이는 건축이 담고 있는 슬픈 역사가 평범한 사람들의 삶과 일상 가까이에 있었음을 암시한다.

전시장 내부는 전체 건축의 평면이 예각삼각형인 탓에 네모반듯하게 구획될 수 없었다. 서로 평행하지 않는 벽으로 이루어진 공간은 자연스럽게 방향감을 상실하게 만든다. 거기에 묘하게 꼬여 있는 동선과 은근히 경사진 바닥, 예각으로 꺾여 답답한 가구까지 가세해 불편함을 더한다. 전시물이나 안내판에서조차 날카롭고 자극적인 도형과 색채를 차용하여 감정을 점점 더 고조시킨다.

베를린 유대인 박물관 또한 긴 직사각의 평면을 구겨 지그재그 모

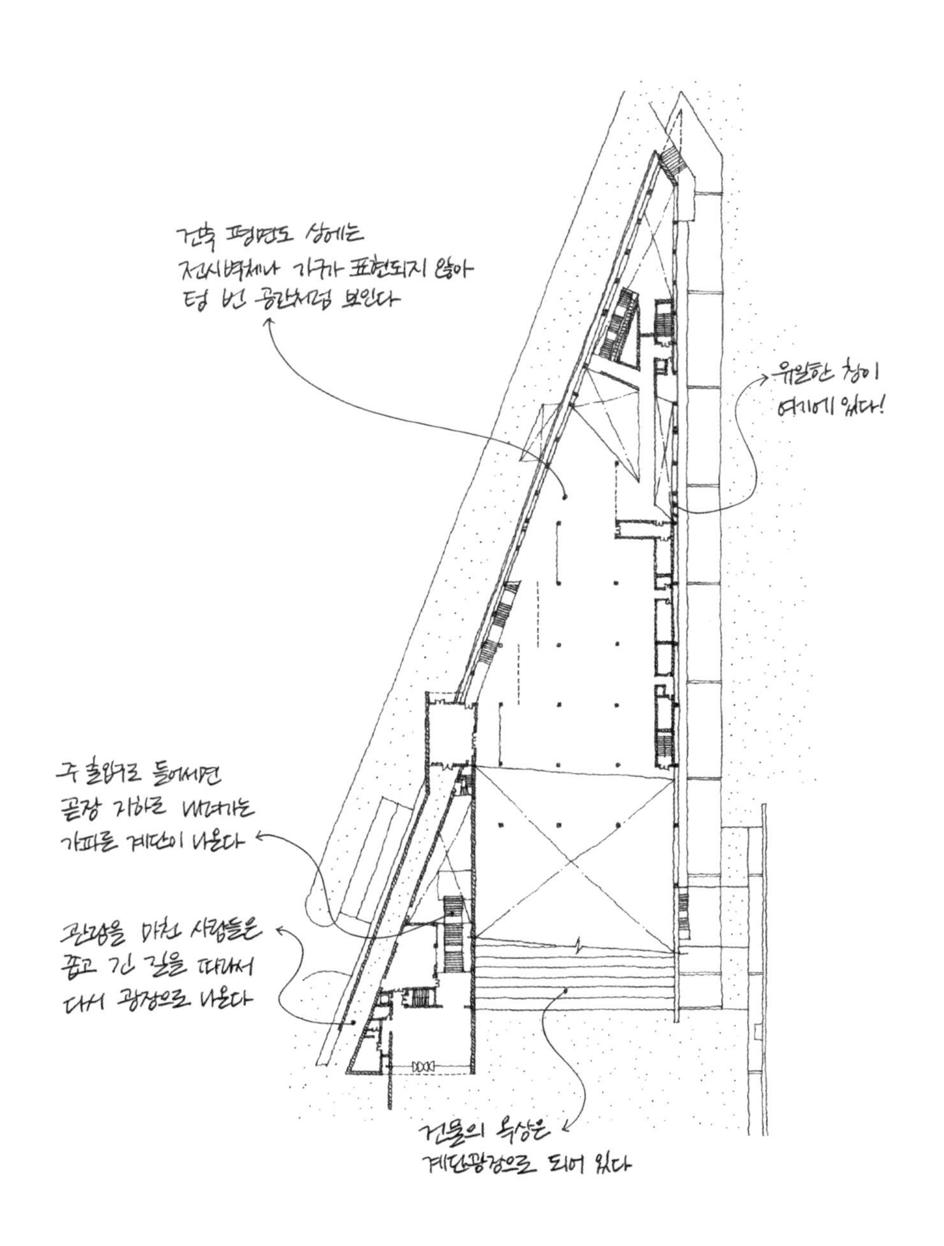

N 0 5 15 30m

MEMORIAL HALL OF VICTIMS
NANJING MASSACRE

난징 대학살 기념관 지상 1층 평면도

베를린 유대인 박물관의 입면.

양으로 만들어 불편한 공간감을 연출한다. 전체의 평면 형상이 내부 공간을 결정지은 난징 기념관과 달리 부분이 전체의 형상을 만들어내는 구법의 차이가 흥미롭다. 그것이 혹 서양과 동양의 인식론적 차이에서 오는 것은 아니었을지 조심스레 추측해 본다.

두 건축은 재료와 입면에 있어서도 비슷한 차이를 보인다. 베를린 유대인 박물관의 외벽은 차가운 금속이고 마치 갈기갈기 찢은 흉터 같은 창이 곳곳에 나 있다. 관람객은 전시장을 거닐며 그 틈을 통해 바깥의 평온한 도시 풍경을 바라볼 수도 있다. 반면 난징 대학살 기념관의 전시장은 지하층에 있어 창이 없다. 외벽엔 거칠게 다듬어진 화강석을 사용하여 엄숙함마저 감돈다. 이곳의 유일한 창은 전시가 모두 끝나는 마지막 공간에 가서야 허락된다. 높고 넓은 창문 너머로 쏟아져 내리는 햇살을 보고 나서야 비로소 관람객들은 마음을 진정시키고 전시장을 떠날 준비를 한다.

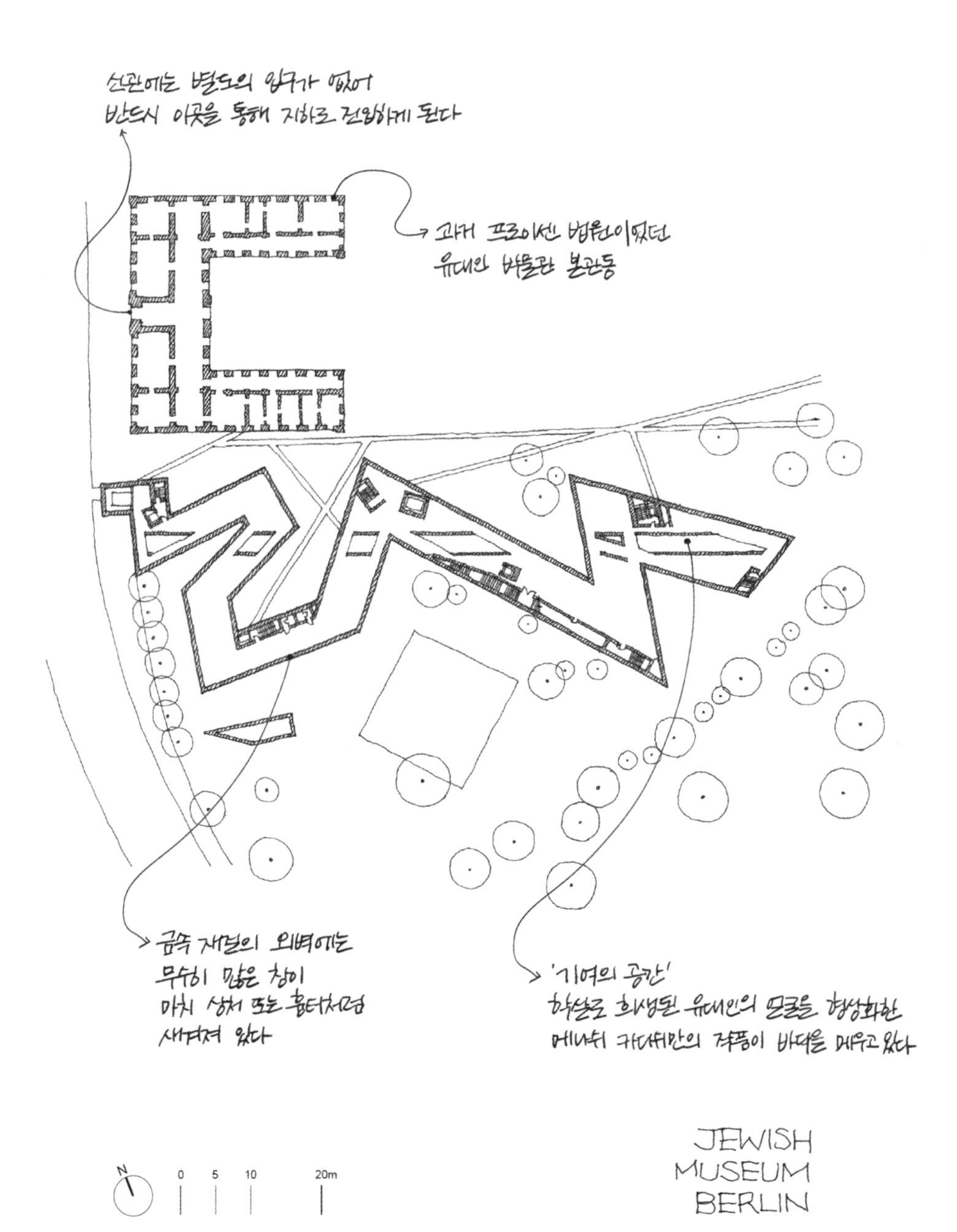

베를린 유대인 박물관 지상 1층 평면도

난징 대학살 기념관의 입면.

대학살의 기록을 따라 정신없이 걷다 보니 앞에 사람들이 잔뜩 몰려 있었다. 가까이 다가가자 저마다 난간에 몸을 기댄 채 먼 바닥을 응시하는 모습이었다. 거기엔 한 개층 깊이 정도의 흙구덩이에 수십 구의 유골이 널브러져 있었다. 전시물이 아닌 실제 유골이었다. 말하기 좋아하기로 유명한 중국인조차 이곳에서만큼은 침묵을 지켰다. 역사적 진실이 보여주는 깊은 울림 앞에서 나는 멍하니 서 있는 것 외에 할 수 있는 일이 없었다.

기념관이 지어진 곳은 실제 대학살의 장소 중 한 곳으로 기록된 곳

전시장 바닥에서 발굴된 희생자 유골.

이었다고 한다. 설계를 마치고 공사를 위해 땅을 파기 시작하자 한 번도 발굴된 적이 없는 유해가 무더기로 쏟아져 나왔다. 건축가는 곧바로 설계를 변경하여 기념관의 바닥 일부를 비워내기로 했다. 발굴된 유해는 그 자리 그대로 건축의 일부가 되었다. 평면의 형태, 공간감, 재료마저도 섬세하게 고려해 기념관을 설계한 건축가였지만 역사적 진실 앞에서 그 건축의 일부를 지워내길 망설이지 않았다. 그 덕분에 이 기념관에서 가장 인상 깊고도 중요한 전시가 탄생할 수 있었다.

결국 결정적인 순간에 건축은 진실 앞에 자리를 양보했다. 바닥을 덮는 대신 높은 층고와 이를 바라볼 수 있는 자리를 마련하는 것으로 비로소 이 건축은 완결지어졌다. 그것은 건축가의 이성이 슬픔을 담아낼 수 있는 유일한 방법이자 최선의 설계였음에 틀림이 없다.

왕수와
프리츠커 건축상

▲ 닝보 역사박물관宁波歷史博物館

● 왕수王澍

"프리츠커 건축상Pritzker Architecture Prize을 받을 만큼 멋있는 건물로 설계해주세요." 유난히도 길었던 회의의 끝을 알리는 회심의 한마디였다. 사실 클라이언트 입에서 그 상에 대한 이야기가 먼저 나온 건 좀 의외였다. 건축에 대한 대중의 관심 수준이 높아졌다는 반가운 신호인 걸까. 아니면 무슨 올림픽 금메달처럼 1등을 하면 주는 상 정도로 생각하고 말한 걸까. 잠시 초점을 잃었던 나의 두 눈은 다시 클라이언트의 얼굴로 향했다. "네, 최선을 다해보겠습니다." 예의상 대답하면서도 나는 속으로 생각했다. 이번 프로젝트를 아무리 잘 끝내더라도 그 상을 받기는 아마 어려울 거라고.

프리츠커 건축상은 일명 '건축계의 노벨상'이라고 불린다. 1979년 제이 프리츠커Jay A. Pritzker에 의해 만들어진 이 상은 매년 5월마다 전 세계 건축가 중 한 팀을 선정하여 수여된다. 수여자는 메달과 함께 상금 10만 달러를 받는다. 제정된 첫해 수상자인 미국의 건축가 필립 존슨Philip Cortelyou Johnson, 1906~2005을 시작으로 2020년 아일랜드 건축 듀오 이본 파렐Yvonne Farrell, 1951~과 셸리 맥나마라Shelley McNamara, 1952~에 이르기까지 총 마흔세 개 팀의 건축가가 이 상을 받았다. 이웃나라 일본은 미국에 이어 두 번째로 많은 수상자를 배출해 총 일곱 번의 영예를 안았다. 그렇지만 아직까지 이 상을 받은 한국인 건축가는 한 명도 없다.

상을 주관하는 하얏트재단은 상의 취지를 '건축이라는 예술을 통해 인류에 지속적으로 공헌해온 작품에 수여하는 것'이라고 밝혔다. 건축적 작품성보다는 건축을 통한 인류 공헌에 주목하는 점이 흥미롭다. 이를테면 재작년 수상자인 인도의 건축가 발크리슈나 도쉬Balkrishna Vithaldas Doshi, 1927~는 8만 명 이상의 저소득층을 효과적으로 수용할 수 있는 주거 단지를 개발해 국가적 문제를 창의적으로 해결하고 삶의 질을 높인 것이 수상의 주된 이유였다. 그보다 두 해 전 수상한 칠레의 알레한드로 아라베나Alejandro Gastón Aravena Mori, 1967~는 가난하고 위기에 처한 사람들을 위한 주택을 설계하여 사회에 이바지한 점을 인정받았다.

이처럼 2000년대 초반까지만 해도 소위 '스타 건축가Star Architect'

혹은 그 제자들에게 초점을 맞추던 프리츠커 건축상은 2010년대에 들어오며 조금씩 다른 행보를 보이기 시작한다. 그 변화의 시작은 지난 2012년 수상자인 중국의 건축가 '왕수'부터였다.

왕수王澍, 1963~ 는 우루무치 출신으로 프리츠커 건축상을 수상하기 전까지 세계 무대에서는 무명에 가까웠다. 외국 유학의 경험이 없으며 스타 건축가를 사사하는 등의 특별한 이력이 없는 그의 수상은 당시 전 세계 건축계에 신선한 충격이 아닐 수 없었다. 특히 건축이라는 고급 예술의 불모지와도 같던 중국에서의 첫 수상이라는 점 또한 대단한 주목을 받았다. 바로 옆 나라인 한국 건축계에도 적잖은 파장이 일었던 걸로 기억된다.

수상 이후 알려진 그의 젊은 시절 이야기가 사뭇 재미있다. 그는 공사장 인부들과 현장에서 한솥밥을 먹으며 전통적인 건축의 기술이나 구축에 대한 것을 익혔고, 그것이 결국 그의 건축적 정체성이 되었다는 것이다. 실제로 그의 건축에서는 논리정연함 못지않게 경험에서 비롯된 솔직함이 묻어난다. 또한 과거에만 머무르지 않고 전통을 현대적인 것으로 적극적으로 재해석해낸 작품들은 중국을 넘어서 세계 무대에서도 인정받을 만큼 보편성을 획득하는 데 성공했다.

닝보 역사박물관宁波歷史博物館은 그의 출세작이다. 저장성의 항구도시 닝보宁波에 세워진 지상 5층 규모의 박물관은 도시의 역사와 생활상을 전시하는 곳으로 지난 2008년 문을 열었다. 출장차 들른 상하이에서부터 닝보까지는 3시간이 넘는 먼 거리였다. 그럼에도 건축가가

수반에 비친 닝보 역사박물관 입면.
철거된 벽돌과 타일을 재활용해 외벽을 구성했다.

이야기하는 '전통의 세계적 보편성'이라는 게 무엇인지 두 눈으로 직접 보고 싶어 일부러 먼 길을 돌아 찾아갔다.

다양한 크기와 비례의 입면 개구부.

차에서 내리자마자 처음 마주한 박물관의 외관은 건물이라기보단 거대한 기암괴석 혹은 석산石山처럼 보였다. 실제로도 산을 모티브로 했다는 이 건축은 마치 중국 산수화에 나오는 봉우리처럼 보이기도 했다. 다양한 조형과 각도의 외벽은 입구에 조성된 수반에 각기 반사되며 묘한 풍경을 자아냈다. 소위 '인터내셔널 스타일international style'과는 확실히 다른 인상의 건축이었다.

외벽을 구성하는 다양한 크기와 소재의 재료는 장쑤성과 저장성 일대 마을과 고성古城의 개발 중 철거된 벽돌과 타일을 재활용한 것이다. 본래 산업화와 세계화 이전의 건축은 그 지역의 재료로 지어지는 것이 자연스러웠다. 왕수는 한발 더 나아가 도시의 역사가 깃든 재료를 현대건축에 그대로 적용했다. 단순한 아이디어일지 모르지만 이것이 실현되기까지는 전통 건축에 대한 오랜 관심과 기술적 이해가 필요했음이 분명해 보였다. 덕분에 박물관의 거대한 외벽면은 그

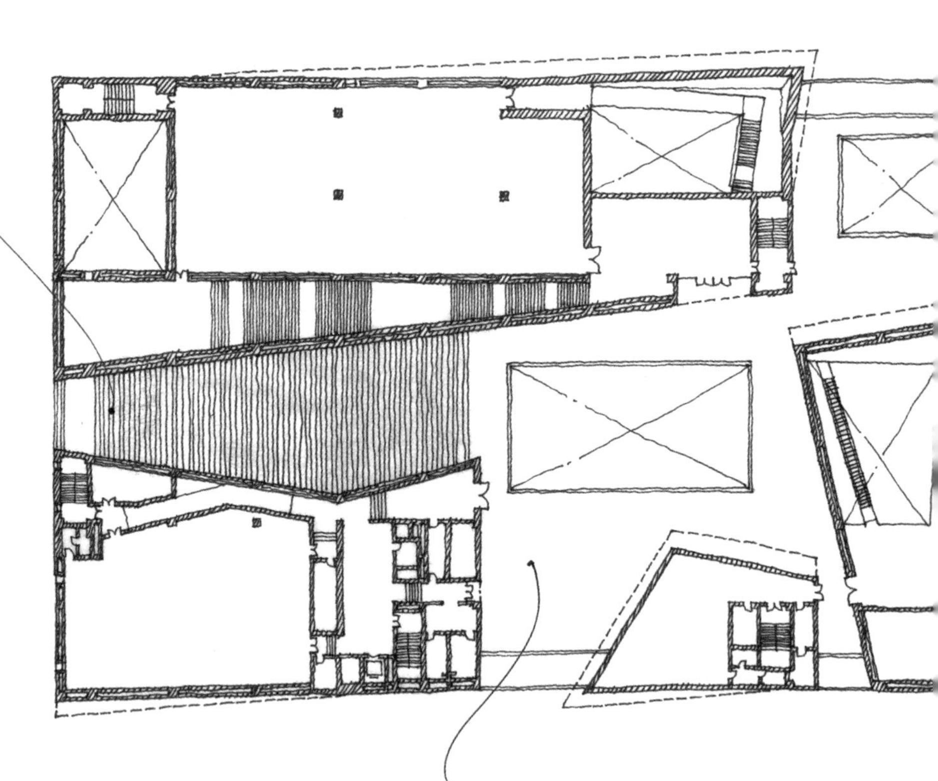

NINGBO
HISTORIC
MUSEUM

닝보 역사박물관 지상 3층 평면도

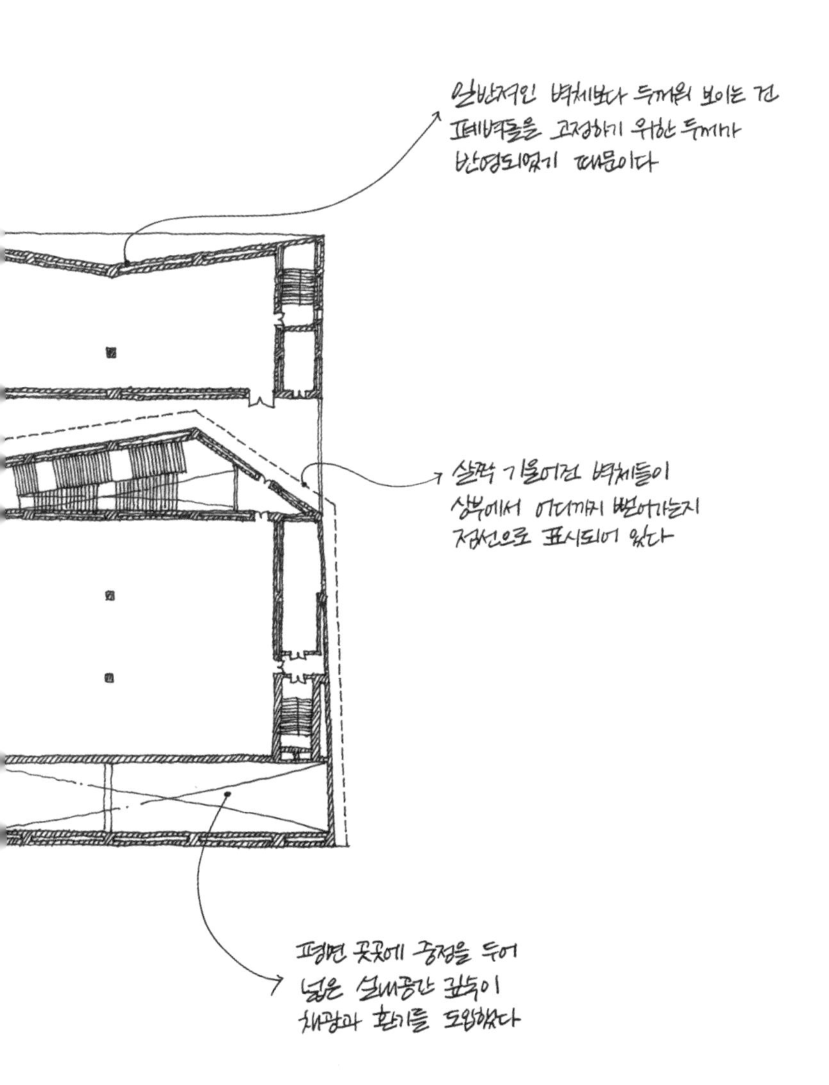
일반적인 벽체보다 두꺼워 보이는 건
폐벽돌을 고정하기 위한 두께가
반영되었기 때문이다
살짝 기울어진 벽체들이
상부에서 어디까지 뻗어가는지
점선으로 표시되어 있다
평면 곳곳에 중정을 두어
넓은 실내공간 곳곳이
채광과 환기를 도입했다

N 0 5 10 20m

자체로 살아 있는 도시의 역사를 보여주고 있다. 건축이 곧 이 박물관의 가장 크고 중요한 전시물이 된 셈이다.

왕수의 수상 이후 지난 10년간 중국 건축계는 눈부신 발전을 거듭했다. 최근 중국의 여러 건축가와 함께 참여했던 한 프로젝트에서도 이를 실감했다. 막 학교를 졸업하고 작업을 펼치는 중국의 젊은 건축가들에게는 '자신의 것', '중국스러움'에 대한 한없는 자신감이 묻어 있었다. 동시대를 살아가는 또 한 명의 젊은 건축가로서 그들의 자신감이나 도전 정신이 한편으로는 부럽기까지 할 정도였다. 선배 건축가의 프리츠커 수상에서 비롯된 '가장 중국적인 것이 가장 세계적이다'라는 단순한 진리를 후배들은 실천으로 옮기고 있었다.

몇 해 전 우리나라 건축계에서도 이 프리츠커 건축상 때문에 한바탕 시끄러운 일이 있었다. 바로 정부에서 주도한 '넥스트 프리츠커 Next Pritzker Project'라는 사업 때문이다. 사업의 골자는 젊은 건축인을 선발해 외국 유수의 건축 사무실에서 일할 수 있도록 지원금을 주는 것이었다. 논란이 됐던 건 프리츠커 건축상을 받으려면 외국의 스타 건축가 밑에서 일해야 한다는 시대에 맞지 않는 발상 때문이었다. 마치 외국의 '선진 문물'을 도입하지 못해 우리나라 건축이 발전하지 못했다는 식의 논리는 많은 진취적인 건축인들을 분노하게 만들었다. 중국에서는 이미 10년 전 왕수를 통해 거짓임이 증명된 낡은 명제였다. 한국 사회의 건축과 건축가에 대한 인식이 얼마나 뒤처지고 있는가를 여실히 보여주는 사건이 아닐 수 없었다.

미국 건축가 루이스 설리번Louis Henry Sullivan, 1856~1924이 디자인한 프리츠커 건축상의 청동 메달 뒷면에는 'Firmness(견고)', 'Commodity(실용)', 'Delight(기쁨)'이라고 새겨져 있다. 이는 상을 받는 건축가와 그 건축이 달성해야 할 중요한 사회적 가치가 무엇인지를 대변한다. 그래서 이 상은 하나의 건축물, 또는 한 명의 건축가에게 주어지는 영예 그 이상이다. 그러한 건축이 탄생할 수 있었던 배경이 되는 사회에 주는 상이라고 해도 틀린 말이 아니다.

건축과 도시의 기억을 담은 외벽 재료.

여전히 건축은 부동산과 동의어이고 아직도 많은 건축인들이 야근과 박봉에 시달리는 한국 사회에서 이 상을 언제 보게 될지는 기약이 없다. 그럼에도 불구하고 나는 대한민국에서 이 상의 주인공이 나오길 언제나 희망한다. 건축가가 아닌 시민의 한 사람으로서 건축이 견고와 실용을 넘어 우리 사회의 진정한 기쁨이 되기를 바라며.

공심채
한 접시에 담긴
진심

볶음김치, 김, 깻잎통조림, 장조림, 볶음고추장……. 옆자리의 대리님께서 건네주신 쪽지에는 이상하게 반찬 이름만 가득했다. 알고 보니 나보다 한 달여 앞서 중국 지사로 파견을 다녀온 그는 음식 때문에 고생을 했다고 했다. 중국 음식이 하나같이 향도 강하고 기름진 탓에 도통 식사를 할 수가 없었다는 것이다. 본인은 미처 준비하지 못했지만 후발로 떠나는 나에겐 꼭 대비를 시키겠다며 손수 적어 건넨 준비물 목록이었다. 걱정하는 마음은 너무 고마웠지만 그 물건들은 끝내 나의 캐리어에 담기지 않았다. 나의 왕성한 식욕과 거침없는 식성은 누구보다 내가 잘 알기 때문이다.

예상대로 중국에서 맛본 음식은 하나같이 입맛에 잘 맞았다. 수도 베이징의 중심업무지구에는 중국의 각 지역은 물론 전 세계 음식을 맛볼 수 있는 식당이 즐비했다. 나는 매 식사 시

거즈토우촌 현지 조사 후기

간마다 새로운 식당을 찾고 신기한 요리를 맛보며 금세 그곳에서의 생활에 익숙해졌다. 거기엔 도전 정신이 강한 나를 위해 매번 새로운 메뉴를 함께 고민해주던 중국 직원들 도움이 컸다. 파견 기간이 끝나 귀국할 즈음에는 내가 건축 회사 직원인지 외식 회사 직원인지 살짝 헷갈릴 정도였다.

출장지에선 자신을 얼마나 빨리 적응시킬 수 있는지에 일의 성패가 달렸다. 종종 외국을 다니면 내 몸 어딘가에 '모드mode' 스위치 같은 게 있는 것처럼 느껴질 때가 있다. 무언가에 의해 그 스위치가 켜져야만 비로소 생각도, 감정도, 언어도 새로운 환경에 맞추어 제대로 작동하기 시작하는 것이다. 오감五感을 자극하는 한 끼의 식사는 나만의 스위치를 'ON'하는 가장 쉽고, 빠르고, 확실한 방법이다.

한 접시의 음식 안에는 그 나라의 모든 것이 총망라되어 있다.

현지의 기후와 풍토가 물씬 배어 있는 원재료를, 그 지역만의 독특한 전통과 식습관이 반영된 조리법으로, 새로운 언어와 사람들로 가득한 식당에서 맛보게 되는 총체적인 행위가 바로 '식사'인 것이다. 한 그릇의 음식은 낯선 도시를 탐험하는 체력의 원천이자 외로움을 달래주는 위로였고 새로운 정보와 문화를 습득하는 수단이 되곤 했다.

베이징에선 얇고 바삭한 껍질이 일품인 베이징덕北京烤鸭을 맛봤다. 상하이에선 입안 가득 육즙이 터지는 샤오룽바오小笼包를 음미했다. 하이커우에선 치아를 튕겨낼 듯한 독특한 탄력의 하이난 치킨라이스海南鸡飯를 먹었다.
매 출장마다 각 도시와 지역의 대표 요리를 맛보는 건 중국 출장의 또 다른 즐거움이었다. 하지만 그중에서도 가장 기억에 남는 요리는 다름아닌 산시성의 작은 시골 마을에서 맛봤던 공심채 볶음炒空心菜이었다. 메인 요리 옆에 놓이는 반찬에 불과한 공심채가 여타 산해진미를 제칠 수 있었던 데에는 사연이 있다.
거즈토우촌格子头村은 40여 가구 남짓 모여 사는 전형적인 농촌이다. 우리나라로 치면 '리'보다도 작은 '부락' 정도에 불과한 곳이다. 특별할 것 없는 이 작은 마을까지 가게 된 건 현장 조사를 위해서였다. 이 마을 출신의 성공한 사업가인 클라이언

현장 조사 팀과 마을 주민들.

트는 마을 전체를 새롭게 하는 계획을 가지고 우리를 찾았다. 마스터플랜을 그리기 위해선 직접 그곳에 가서 지형지물과 현황부터 파악하는 일이 급선무였다. 국제선에서 국내선으로, 또다시 택시를 타고 들어가는 긴 여정 끝에 마을에 도착했을 땐 이미 한밤중이었다.

다음 날 아침 일찍부터 본격적인 현장 조사가 시작됐다. 챙이 큰 모자와 팔 토시도 모자라 모기 기피제를 한 통 다 쏟아부었다. 야생 모기의 기습과 한낮의 뙤약볕을 견뎌가며 마을 구석구석을 누볐다. 신발은 새카매지고 얼굴은 발갛게 익었다. 시계를 보니 어느새 점심시간이 한참 지나 있었다.

영어는 한 마디도 못하는 구수한 인상의 이장님은 우리를 동네 어귀의 한 식당으로 안내했다. 식당이라고는 하지만 간판은커녕 메뉴판도 없는 썰렁한 모습이었다. 애초에 외지인이나 관광객들이 올 만한 곳이 아니라 그렇다고는 해도 너무 허술했다. 게다가 주방에는 아무도 없었다. 이장님이 휴대폰으로 어디론가 전화를 걸자 잠시 후 러닝만 걸친 수상한 사내가 어슬렁어슬렁 문을 열고 들어왔다. 혹시나 했지만 역시나였다. 그가 주방장이다.

이윽고 이장님이 직접 홀과 부엌을 왔다 갔다 하며 음식을 나르기 시작했다. 메뉴판이 없었으니 무엇을 시킬지 선택지도 없었다. 이름은 물론이고 무슨 재료로 만들었는지도 알 수 없는 요리가 한 상 가득 차려졌다. 웬만해서는 새로운 음식을 가리지 않는 나였지만 이번만큼은 젓가락질이 조심스러울 수밖에 없었다.

고심 끝에 손이 공심채 볶음 쪽으로 향했다. 겉모습만으로도 재료를 유추할 수 있는 유일한 음식이자 실패 확률이 가장 낮은 메뉴였다. 마지못해 공심채를 한 젓갈 집어 올리는 나에게 이장님은 검은 액체가 담긴 종지를 슬며시 내미셨다. 이 지역의 특산물인 '식초醋'를 찍어 먹어야 된다는 뜻 같았다.

푹 찍어 입에 넣는 순간 눈이 번쩍 뜨였다. 공심채 볶음이 원래 이렇게 맛있는 요리였던가. 놀란 가슴을 진정시키고 다른 음식도 하나씩 차례대로 맛보았다. 허름한 접시에 담긴 겉모습과는 달리 하나같이 난생처음 먹어보는 훌륭한 요리였다. 젓가락질 몇 번에 음식은 순식간에 동났다. 말 한마디 없이 넙죽넙죽 잘 받아먹는 나를 보고 이장님께선 연신 함박웃음을 지으셨다. 주방장은 새 음식을 내오느라 쉴 새 없이 홀과 주방 사이를 뛰어다녔다. 자신들의 마을을 위해 바다 건너 먼 곳에서 온 건축가에게 열악한 형편에도 최선을 다해 대접하는 진심이 고스란히 느껴졌다. 그때 맛본 공심채 볶음보다 더 맛있는 중국요리는 이후 그 어디서도 맛볼 수 없었다.
훌륭한 점심 식사 덕분이었을까. 오후의 찌는 듯한 더위에도 아랑곳하지 않고 현장 조사를 무사히 마쳤다. 한국으로 돌아와 완성한 도면과 보고서는 마을 사람들에게도 전달되었다. 전해 들은 이야기로는 우리의 계획안을 보고 모두 흡족해했다고 한다.
계획안을 그려낸 원동력은 건축적인 영감도 부지런한 손도 아니었다. 다만 한 접시의 음식을 통해 그들과 교감했던 진심 덕분이었다.

미국

건축에 담긴 의미와 상징성

답사의 알리바이

'그들'을 알게 된 건 작은 기념관의 설계를 맡으면서부터였다. 사람들은 그들을 '건축주'나 '클라이언트', 또는 '발주처' 같은 이름으로도 불렀다. 그들은 '100년이 지나도 역사에 남을 건축'을 설계해달라고 요청했다. 그들은 가우디의 '사그라다 파밀리아Sagrada Família'를 즐겨 언급했다. 자신들의 대에서 완수하지 못할지라도 다음, 그다음 사람이 이어갈 것이니 건축가는 오직 좋은 건축만 생각하라고 했다. 설계를 빨리 해달라는 사람은 많았어도 그런 말은 듣긴 처음이었다. 아마 건축가로 일하는 평생 그들 같은 클라이언트를 다시 만나긴 쉽지 않을 것 같았다.

우리는 계약서를 사이에 두고 마주 앉은 갑과 을이기보다는 같은 방향으로 함께 걷는 동반자였다. 건축이라는 서비스를 의뢰하고 수행하는 관계라기보다는 좋은 건축이라는 공동의 목표를 함께 완수해내는 관계였다. 셀 수 없을 만큼 많은 회의가 열렸고 수많은 사람들의 목소리를 들었다. 회의 중엔 누구나 자유롭게 발언할 수 있었고 모든 의견은 동등하게 존중받았다. 때문에 회의는 자주 길게 늘어졌지만 누구 하나 불평하는 사람이 없었다. 설계 과정은 곧 민주적인 참여가 좋은 디자인을 만든다는 명제를 증명하는 일과도 같았다. 긴긴 회의록을 정리하고 도면 위에 선과 공간으로 그려내는 건 오로지 나의 몫이었지만 기꺼이 기쁜 마음으로 밤을 지새웠다.

역사에 남을 건축을 만들려면 역사에 남아 있는 건축들부터 먼저 살펴야 했다. 우리는 참고할 만한 사례를 찾아 한국, 중국, 일본을 답사했다. 답사란 실재하는 건축을 앞에 두고 서로의 의견을 교환하는 행위다. 참여한 모든 이들은 회의실에서보다 훨씬 더 열정적인 모습으로 건축을 이야기했다. 매일 밤

숙소로 돌아와 맥주 한 캔씩 놓고 둘러앉는 자리조차 이내 열띤 토론의 장으로 변하곤 했다. 그렇게 모인 말과 생각은 조금씩 건축이 되어갔다.

마지막 답사지는 미국이었다. 그곳엔 현대사 최악의 비극으로 기억되는 9·11 테러의 기념관을 비롯하여 꼭 보고 싶은 사례가 많았다. 이번에도 답사 준비는 나의 몫이었다. 미리 후보지를 선정하고 조사한 자료를 모아 한 권의 답사 책으로 엮었다. 비행기와 버스의 환승 시간까지 계산하며 완벽한 일정을 세웠다. 하지만 안타깝게도 출발 즈음하여 갑작스럽게 다른 업무가 겹치고 말았다. 결국 나는 답사에 함께하지 못했다.

얼마 뒤 답사에서 찍힌 수백장의 사진을 받았다. 답사 책을 만들며 모아둔 도면과 사진을 비교해봤지만 영 감이 오질 않았다. 스케일scale 때문이었다. 다른 말로 축척縮尺이라고도 하는 이 개념은 도면이나 모형 따위가 실제 세계를 어느 정도의 비율로 축소했는지를 나타내는 숫자다. 예를 들어 보통 주택의 평면도 한 장이 A3 용지에 들어가려면 '100분의 1 스케일'로 축소되어야 한다. 이는 실제 10㎝(100㎜) 두께의 벽이 도면에서는 1㎜로 그려진다는 뜻이다. 훈련을 받은 건축가는 이 축소된 세계와 실제 세상을 넘나들며 생각할 수 있는 능력을 가지고 있다. 종이 위의 도면을 보고 실제 지어질 공간을 상상할 수도 있고 반대로 실재하는 건축을 도면으로 변환하여 그려낼 수도 있는 것이다.

하지만 사진에는 스케일이 없다. 물론 계단의 높이나 문의 폭과 같은 기준이 되는 치수로 유추할 수는 있지만 그것만으로는 충분치가 않다. 어떻게 공간의 재료나 색상, 분위기까진 알 수 있다고 쳐도 높이나 넓이를 가늠하기엔 역부족이다. 그 마저도 몇몇 공간은 사진에서 누락되거나 잘리기 일쑤였다. 더 확인하고 싶은 것이 참 많았지만 당장은 그려내야 할 도면이 너무나 많았다.

격렬하게 흘러가던 프로젝트는 행정적인 이유로 잠시 정체기를 맞이했다. 바쁘게 움직이던 손이 멈추자 비로소 그렸던 도면을 다시 돌아볼 여유가 생겼다. 과연 나는 내가 그린 선線들을 얼마나 자신할 수 있을까. 제출을 위해 테이블 위로 산처럼 쌓인 도면집의 무게는 곧 내 근심의 무게와도 같았다.

그때 문득 그들이 말했던 '사그라다 파밀리아'가 떠올랐다. 스페인 바르셀로나 한복판에 1882년 착공한 이래 무려 138년째 지어지고 있는 건축이었다. 건축가는 죽어도 건축은 죽지 않는다. 결국 건축가의 일이란 계약서에 명시된 기간이 끝났다고 해서 끝나는 것이 아니었다. 정해진 도면을 다 그렸다고 해서 모든 건축이 완성된 것도 결코 아니었다. 지금 확신을 가지지 못하면 끝내 이 건축 앞에서 떳떳할 수 없을 것 같았다. 혼자서라도 답사를 꼭 마쳐야겠다는 마음이 절실해졌다.

가우디가 설계한 스페인 바르셀로나의 사그라다 파밀리아 전경.

때마침 인터넷 게시판에 글이 하나 올라왔다. 젊은 건축가를 대상으로 직접 계획한 연구 과제의 수행을 지원하는 펠로우십 fellowship을 선발한다는 공고였다. 주제도, 일정도, 국가도 마음대로 선정할 수 있다고 했다. 마치 내 마음속을 들여다보기라도 한 듯한 모집 요강이었다. 그날로 당장 책상에 앉아 지원 서류를 쓰기 시작했다. 그간 설계하며 품었던 고민과 확인하고 싶었던 건축을 추려 미국 답사 계획서를 제출했다. 서류 심사와 발표 면접을 거쳐 마침내 최종 선발되었다.

오래 기다렸던 만큼 의욕에 충만한 일정을 계획했다. 일주일 안에 세 도시를 넘나들며 열 곳이 넘는 건축을 돌아볼 요량이었다. 뉴욕에서 건축가로 일하는 선배들과의 세미나와 스타 건축가와의 인터뷰까지 잡았다. 막상 도착해서는 시차 적응이란 말이 무색하도록 밤낮없이 뛰어다녀야만 했다. 회사에 양해를 구하고 멀리 떠나온 길, 여유는커녕 일정을 소화하는 데 급급했지만 그래도 행복했다. 그토록 보고 싶었던 건축을 실컷 볼 수 있었으니까.

귀국 후 결과를 보고하는 자리에서 심사위원장께선 "가야 할 알리바이를 만들어서 다녀온 것 같다"라는 총평을 하셨다. 특별히 나를 두고 하신 말씀 같지는 않았지만 딱히 틀린 말도 아니었다. 나는 역사에 남을 건축을 두 손으로 그려내야 할 분명한 알리바이가 있는 사람이었기에…….

세계무역센터의 십자가

9·11 추모공원 및 기념관National September 11 Memorial & Museum

마이클 아라드Michael Arad & 피터 월커Peter Walker & 데이비스 브로디 본드Davis Brody Bond

뉴욕 로어 맨해튼Lower Manhattan의 번화한 대로 한쪽으로 사람 키보다도 높은 펜스가 둘러싸여 있었다. 그 너머로 보이는 텅 빈 공간은 한때 세계에서 가장 높은 건물이자 맨해튼의 상징이라 불리던 구 세계무역센터가 있던 자리였다. 사건이 있은 지 몇 년이 지났지만 참혹한 현장은 여전히 주변보다 낮게 푹 꺼져 있었다. 그 안으로는 여전히 치워지지 못한 콘크리트와 철골 잔해만이 어지럽게 방치되어 있었다. 당시 고등학생이던 나는 인류 역사상 가장 처참하게 무너진 건축을 두 눈으로 목도하였다. 그리고 이듬해, 건축학과로의 진학을 결심했다.

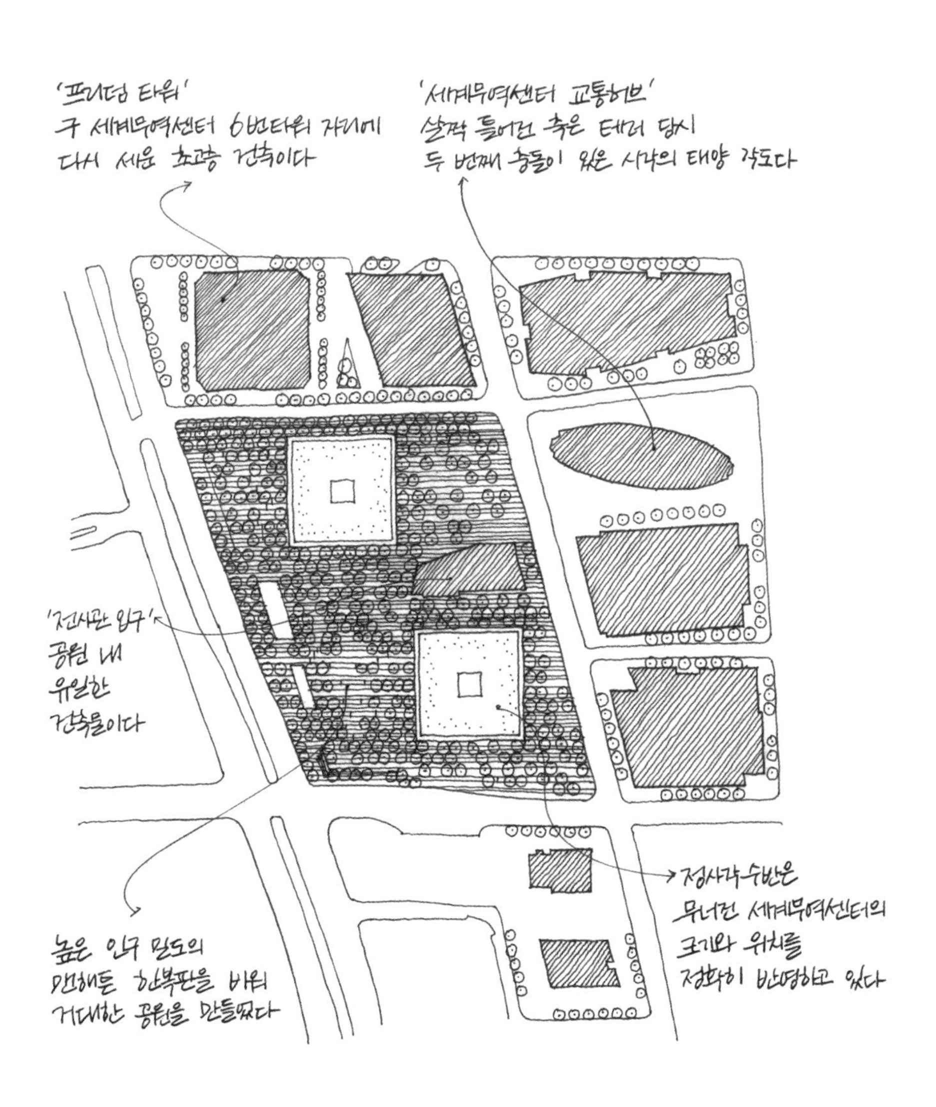

N

0 25 50 100m

GROUND ZERO

9·11 추모 공원 배치도

다시 그곳을 찾은 건 정확히 12년이 지나서였다. 나의 신분은 학생에서 직장인으로, 건축학도에서 건축가로 달라져 있었지만 그곳의 스카이라인skyline은 여전히 텅 비워진 모습 그대로였다. 다만 높은 펜스가 있던 자리에는 키 큰 떡갈나무가 열을 맞추어 심어져 있었다. 잔해만 가득하던 거대한 구덩이에는 맑고 투명한 물이 채워졌다. 비명과 통곡의 소리만이 가득하던 절망의 현장에는 이제 새소리가 잔잔하게 울려 퍼지고 있었다. 이곳은 뉴요커들이 사랑해 마지않는 아름다운 공원으로 변모했다. '9·11 추모 공원 및 기념관National September 11 Memorial & Museum'이라는 이름만이 이곳의 아픈 역사를 담담하게 기억하고 있을 뿐이었다.

지난 2014년 처음 문을 연 이곳은 9·11 테러를 기억하고 희생자들을 추모하기 위해 만들어졌다. 건축가 다니엘 리베스킨트Daniel Libeskind, 1946~가 마스터플랜 설계 공모에 당선되며 큰 그림을 그렸고 세계 여러 건축가와 조경가가 참여해 각 부분을 완성시켰다.

약 65,000㎡에 달하는 대지의 절반 이상은 공원으로 계획되었다. 전시 시설 대부분은 지하에 위치한다. 매표소와 입구 건물을 제외하면 이곳의 풍경에는 나무와 숲, 호수, 벤치, 그리고 망중한을 즐기는 시민들뿐이다. 현대사에서 가장 충격적인 사건을 기념하기 위한 곳임에도 지상에는 그 흔한 기념탑 하나 없다.

공원의 풍경을 압도하는 건 단연 두 개의 수반이다. 위치와 크기는 무너진 세계무역센터의 그것과 정확히 일치한다. 수반의 테두리를

수반 가장자리를 따라 새겨진 희생자들의 이름.

따라 쏟아지는 물줄기는 8m의 낙차를 가지고 아래로 떨어진다. 멀리서 시원스러운 소리를 들었을 때만 해도 그저 평범한 어느 공원 같았지만 가까이 다가갈수록 그 분위기에 압도당하고 말았다. 끊임없이 쏟아져 내리는 물줄기가 자아내는 공허한 울림은 이곳에서 일어난 사건의 무게를 짐작하게 한다. 난간에는 희생자들의 이름이 빼곡히 새겨져 있다. 물소리에 이끌려 다가온 사람들은 끝내 이곳에 이르러 짧은 탄식을 내뱉고야 만다.

이 계획안에는 겉으로 드러나는 건축도 기념비도 없다. 다만 고층

로비 공간을 압도하는 거대한 슬러리월.

빌딩으로 둘러싸인 맨해튼의 도심을 걷다가 느닷없이 만나는 넓은 녹지와 탁 트인 하늘만이 있을 뿐이다. 불연속적이고 비일상적인 풍경은 이곳이 특별한 장소임을 암시한다. '부재의 풍경'은 이 도시가 사건을 기억하기 위해 선택한 방법이었다.

지상의 입구로부터 긴 에스컬레이터를 타고 내려오면 제일 먼저 슬러리월slurry wall을 맞닥뜨리게 된다. 슬러리란 벤토나이트와 시멘트의 혼합물을 뜻하는 용어로, 슬러리월은 이를 넣어 굳혀 지중地中에 세우는 콘크리트 벽체다. 일반적인 초고층 공사에서 지하를 굴착하는 동안 주변 지반이 무너지지 않도록 지지하는 역할을 한다. 구 세계무역센터 공사 당시에는 대지 전체 외곽을 따라 약 90㎝ 두께의 슬러리월이 설치되었다.

원칙대로라면 이 거대한 벽체는 지하층 공사가 끝난 후에 땅속에 묻혀 영영 바깥세상을 만날 일이 없어야 마땅하다. 그럼에도 불구하고 이곳 로비에는 슬러리월의 한쪽 면이 그대로 노출되어 있다. 관람객들의 셔터 세례를 받고 있는 어둡고 지저분한 무언의 벽체는 그 자체로 이 비극의 무게를 여과 없이 보여준다. 사라진 건물의 지하층을 대신하여 이를 지탱하는 수백개의 지반앵커ground anchor◆조차 슬러리월의 기구한 운명을 상징하는 것 같아 더욱 애달팠다.

지상의 수반이 있는 자리를 중심으로 계속해서 아래로 내려가는 관람로는 구 세계무역센터의 기초 레벨까지 이어진다. 기초footing는 건물의 최하층보다 더 아래에 설치되어 모든 하중을 땅으로 전달하는 건물의 '발'이다. 이 또한 슬러리월과 마찬가지로 한 번 지어지고 나면 결코 다시 볼일이 없어야 맞다. 하지만 마침내 도착한 전시관의 가장 아래층에는 정연하게 심어진 열주列柱 형상의 독립기초가 관람객을 맞이한다. 지금은 그 윗부분이 잘려 나가 볼품없는 모양새일지 몰라도 한때는 100층이 넘는 건물의 무게를 온몸으로 받아내던 영광스러운 건축의 일부였다.

◆ 흙막이 배면 지반에 앵커체를 설치하여 강재의 긴장력으로 토류벽을 지지하는 공법.

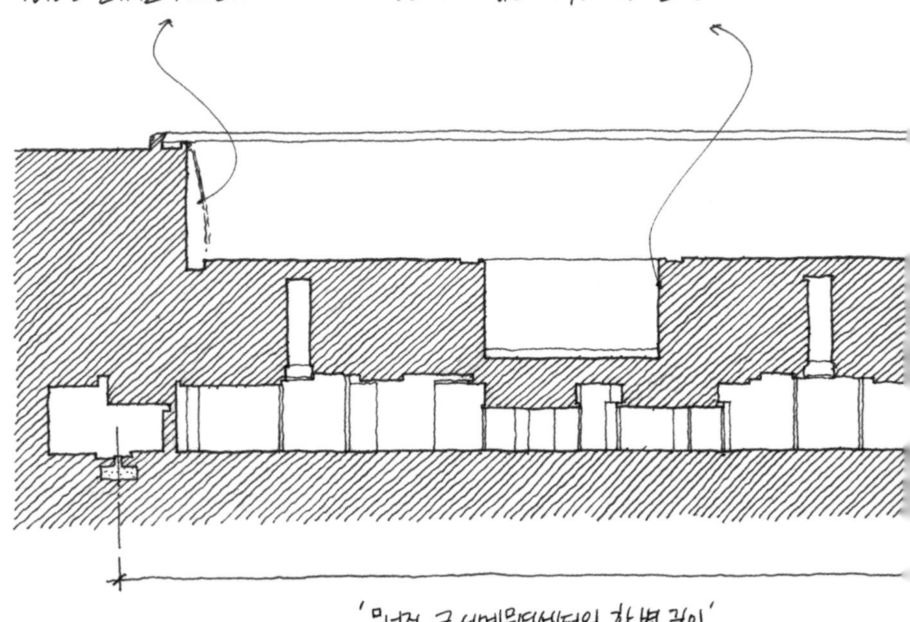

NATIONAL
SEPTEMBER 11
MEMORIAL & MUSEUM

9·11 추모 공원 및 기념관 횡단면도

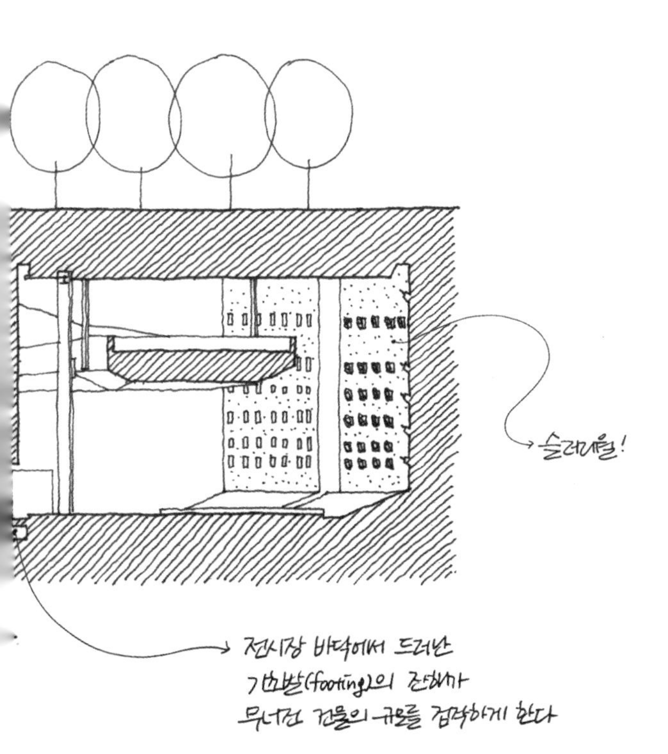
슬러리월!
전시장 바닥에서 드러난
기초발(footing)의 잔해가
무너진 건물의 규모를 짐작하게 한다
0 2 5 10m

폐허 위에 세워진 십자가.

12년 전 같은 곳을 찾았던 나는 단 두 장의 사진을 남겼다. 한 장은 다른 이에게 부탁해 펜스 앞에서 찍은 기념사진이었고 또 한 장은 펜스 사이로 카메라를 들이밀고 찍은 흑백 사진이었다. 그 안에는 붕괴의 충격으로 휘어린 철골보H-beam 중 하나가 마치 십자가와 같은 모양으로 세워져 있었다. 당시에는 그저 신기한 마음에 셔터를 눌렀던 것 같다. 나중에 알고 보니 '세계무역센터 십자가World Trade Center Cross'라고 해서 다큐멘터리까지 제작될 정도로 유명한 것이었다. 무너진 잔해 사이에서 우연히 발견된 십자가의 형상은 미국 시민들의 희망이자 치유의 상징이었다고 한다.

그리고 마침내 전시관 깊숙한 곳에서 그 십자가를 다시 만났다. 사진 속 내가 기억하는 것보다 훨씬 녹슬고, 낙서가 늘었고, 지저분했지만 나는 단번에 이를 알아볼 수 있었다. 그제야 내가 왜 그토록 이곳에 오고 싶었는지 알 것 같았다.

건축가는
그림 그리는 사람이 아니다

프리덤 타워Freedom Tower

S.O.M

"건축가가 되려면 그림을 잘 그려야 하나요?" 2019년 기준 고등학생 장래 희망 7위, 건축가를 꿈꾸는 학생들이 가장 많이 묻는 질문 중 하나다. 성적도 좋고 건축에 흥미도 있는데 미술에 소질이 없어 고민이라는 고3 수험생이 있는가 하면 건축학과에 입학해 보니 다들 그림을 너무 잘 그려 미술 학원을 다니기 시작했다는 대학생도 있다. 건축가는 정말 그림을 잘 그려야 하는 걸까. 물론 생각을 표현하는 수단의 하나로서 그림 실력이 좋아 나쁠 건 없다. 하지만 간과해서는 안 되는 게 하나 있다. 건축은 '그림'이 아닌 '도면'을 통해 지어진다는 사실이다.

그림painting을 감각적인 선과 색의 조합이라고 한다면 도면drawing은 논리적인 숫자와 계산의 산물이다. 그럴싸한 투시도 몇 장만 가지고는 결코 건물을 지을 수 없다. 그렇기에 그림 실력은 건축하는 데 있어 충분조건이지 필요조건이 아니다.

대학 시절, 친구 한 명이 교수님께 물었다. "왜 우리 학교 건축학과는 다른 학교들처럼 미대나 예술대에 있지 않고 공대에 있습니까?" 교수님의 대답은 짧고 단호했다. "수학 잘하는 학생들을 뽑아야 하니까." 졸업을 하고 실무가 깊어질수록 그때 그 말씀의 무게가 더 무겁게만 느껴지는 요즘이다.

건축을 이루는 수많은 숫자들 중 지난 한 세기 인류의 관심사는 단연 '높이'에 있었다. 더 높고 하늘에 가까운 건물을 세우기 위한 전 지구적인 경쟁은 21세기에 들어서도 계속될 것만 같았다. 하지만 새천년의 시작과 함께 무참히 무너져버린 구 세계무역센터는 높이에 대한 집착에 경종을 울렸다. 이후 초고층 건축의 안전성과 필요성에 대해 회의론이 대두되기 시작했다. 설상가상으로 2008년 미국발 금융위기는 건설 중이거나 건설 예정이던 수많은 초고층 계획안들을 백지로 만들었다.

2021년 현재 미국에서 가장 높은 건축물은 '신 세계무역센터 1번 타워', 일명 '프리덤 타워Freedom Tower'다. 최고 높이는 541.3m이다. 세계에서 다섯 번째로 높은 잠실 롯데월드타워와 13.2m 차이다. 첨탑

로어 맨해튼 스카이라인과 프리덤 타워.

을 뺀 건물의 높이는 417m다. 이는 구 세계무역센터의 높이와 정확히 일치한다. 자유의 여신상이 수호하던 자유liberty의 나라 미국은 2001년에 무너졌다. 하지만 그보다 더 높고, 더 빛나는 건축에는 새로운 자유freedom를 갈망하는 염원이 담겼다.

프리덤 타워의 조형 원리는 단순하면서도 명료하다. 저층부에서 정사각형으로 시작하는 평면은 고층부로 가며 네 모서리가 점점 깎여 들어간다. 팔각형을 유지하던 평면은 최상층에 이르러 마름모 형태로 변형된다. 여러 개의 각도와 면을 가지게 된 탓에 모범생처럼 올

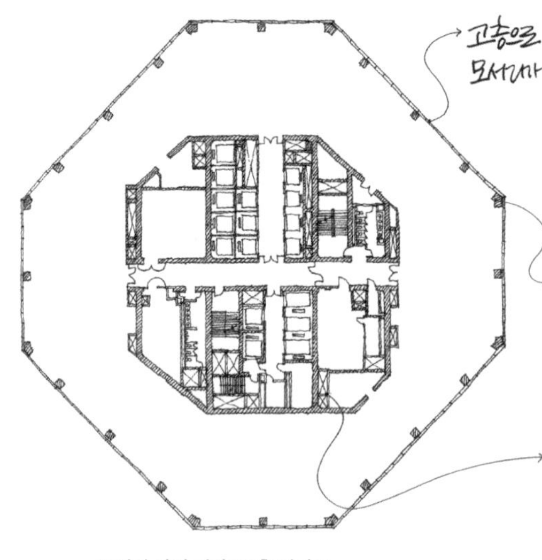

프리덤 타워 지상 70층 평면도

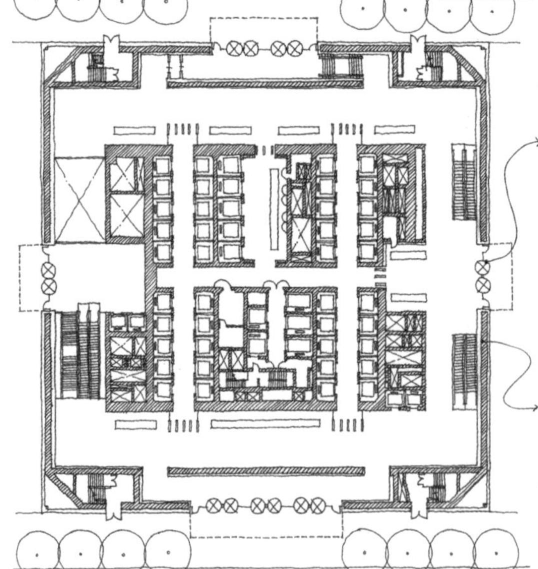

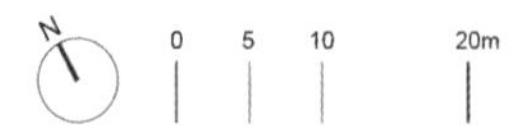

프리덤 타워 지상 1층 평면도

곧은 사각기둥의 구 세계무역센터와는 사뭇 달라 보이는 인상이다. 그렇지만 저층부 정사각형 평면의 비례나 형태는 누가 보더라도 무너진 건물에 대한 오마주 hommage다.

저층부 외벽 유리 패널.

확신을 더하게 만드는 건 저층부 외피의 조형이다. 이 건물의 지상 57*m*까지는 76*cm* 두께의 콘크리트 벽체가 건물의 외곽을 감싸고 있다. 이는 외부로부터의 공격이나 폭파로 인한 붕괴를 대비하기 위한 처사다. 벽체의 바깥쪽으로는 폭 1.5*m*, 높이 4*m*의 유리 패널 12,000여 개가 설치되었다. 각도 조절이 가능하며 LED 조명이 달린 촘촘한 판들은 구 세계무역센터의 트레이드마크였던 세장한 비례의 외부 기둥과 입면을 쏙 빼닮았다. 멀리서 보면 새로운 조형 같아도 가까이에서 보면 과거의 기억을 떠올리게 만드는 두 얼굴의 건축인 셈이다.

하지만 처음부터 이런 모양으로 계획된 건 아니었다. 프리덤 타워의 설계안은 지어지기 직전까지 10여 년간 수없이 고쳐지고 그려졌다. 마스터플랜에 등장하는 최초의 계획안은 비대칭적으로 뾰족하게 솟아오른 마천루였다. 일반적인 초고층 건축에 비해 더 높고 거대한 첨탑지붕을 가진 계획안은 가용면적이 부족하고 안전성이 의심된다는 비난을 받았다. 이후 여러 해에 걸쳐 많은 대안이 제시되었다. 개중에는 무너진 건물을 그대로 재현하는 안도 있었으나 유족들의 거센 항의에 반려되었다. 결국 수많은 안을 제치고 지금 우리 눈앞에 있는 프리덤 타워가 최종적으로 선택되었다.

이 거대한 마천루를 올려다보았을 때 문득 드는 의문이 하나 있었다. 왜 다시 초고층이어야만 했을까. 그날 수많은 희생자들은 탈출 시도조차 한 번 하지 못하고 공중에서 건물과 함께 쏟아져 내렸다. 이후 한동안 높은 건물에는 얼씬도 하지 못했던 건 비단 나 혼자만의 기억은 아니었을 것이다. 물론 사건 이후 많은 시간이 지났다. 피난과 방화에 대한 규정도 대폭 강화되었고 기술도 발전했다. 그럼에도 같은자리에 다시금 더 높은 마천루를 세워야만 했던 이유는 무엇이었을까.

질문의 답은 다름 아닌 숫자에 있었다. 건축가는 아픈 역사의 현장을 건물 대신 공원으로 비워두기로 했다. 탁월한 생각이었지만 맨해튼 한복판의 금싸라기 땅을 공짜로 내어줄 땅 주인은 없었다. 멋진 그림만 가지고는 결코 실현될 수 없는 계획이었다. 이제부터 숫자와 논리가 등장할 차례다. 그는 무너진 구 세계무역센터 두 동에 상응하는 면적을 공원 주변으로 새로 지어질 일곱 개의 건물로 분할하여 충당하는 조건을 내걸었다. 프리덤 타워가 73,000여 평이라는 거대한 연면적을 수용하지 않았더라면 지금의 공원 자리는 여러 동의 건물

추모 공원에서 올려본 프리덤 타워.
같은 자리에 다시 초고층 건축이 세워져야만 했던 이유에는
결국 면적과 돈에 대한 수학적 계산이 있었다.

로 가득 채워졌어야 할지도 모른다.

다니엘 리베스킨트는 계획안을 그리는 일보다 면적을 배분하고 이윤을 계산하여 맞추는 일이 훨씬 더 어렵고 중요했다고 회상한다. 아마도 그는 계획안의 완수를 위해 펜을 드는 대신 계산기 앞에서 숫자와 씨름하며 밤을 지새웠으리라. 서로 아무 관련이 없어 보였던 추모 공원과 거대한 마천루는 공존을 위한 필연적 선택의 결과였다.

프리덤 타워 102층에는 뉴욕을 360도 돌아볼 수 있는 전망대가 있다. 맨해튼에서 가장 높은 건물이니 아마도 정상에서 보는 전망이 대단할 게 분명했다. 하지만 나는 전망대에 끝내 오르지 않았다. 이 건축을 제대로 감상하는 방법은 그곳에 '올라서 보기'보다는 '올려다보는' 것이 더 맞겠다는 생각에서였다.

어느새 추모 공원의 수면 위로 어둑해진 뉴욕의 밤하늘이 드리워졌다. 거기에는 프리덤 타워의 저층부가 반사되어 마치 무너진 세계무역센터의 환영처럼 어른거리고 있었다.

예술과 예산 사이

세계무역센터 교통허브World Trade Center Transportation Hub

산티아고 칼라트라바Santiago Calatrava Valls

건축의 구성 요소를 가장 단순하게 나누면 구조structure와 마감finishing이다. 사람으로 치면 눈에 보이지 않는 골격에 해당하는 것이 구조이고, 거기에 붙어 피부나 머리카락처럼 겉으로 드러나는 것이 마감이다. 건축의 수많은 관련 분야는 이 둘 중 어느 부분에 더 초점을 맞추는지에 따라 구분된다. 건축가의 업역은 구조와 마감 모두를 아우른다. 결국 좋은 건축이란 구조를 결정하는 단계에서부터 적극적인 건축가의 개입이 있어야만 탄생하는 것이다.

스페인의 건축가 칼라트라바Santiago Calatrava Valls, 1951~는 구조에 대한 깊은 이해를 바탕으로 공간을 창출해내는 것으로 유명하다. 마드

'예술과 과학의 도시' 전경.
이곳을 거닐다 보면 마치 공상 영화 속 한 장면에 들어와 있는 착각마저 든다.

리드대학UPM에서 건축학을 전공한 그는 이후 스위스로 자리를 옮겨 구조 및 토목공학으로 석사 학위를 받았다. 그의 고향인 스페인 발렌시아Valencia에는 '예술과 과학의 도시Ciudad de las Artes y las Ciencias'라는 거창한 이름의 명소가 있다. 그곳에는 세계 최대 길이의 캔틸레버cantilever◆를 가진 건물부터 활처럼 휘어진 주탑이 인상적인 사장교까지 구조미를 뽐내는 그의 작업으로 가득했다. 마치 컴퓨터 그래픽이나 영화의 한 장면을 보듯 초현실적인 상상력으로 가득한 그의 건축은 스페인뿐만 아니라 전 세계 사람들의 사랑을 받았다. 그리고

◆ 한쪽 끝은 고정되고 다른 끝은 받쳐지지 아니한 상태로 있는 보.

2016년, 무려 8년간의 긴 공사 끝에 마침내 칼라트라바가 설계한 '세계무역센터 교통허브World Trade Center Transportation Hub'가 맨해튼 한복판에 모습을 드러냈다.

건물이 세워진 자리에는 본래 지난 1971년부터 영업한 오래된 철도역사가 있었다. 이곳은 뉴욕의 지하철 아홉 개 노선이 경유하는 환승역이자 강 건너 뉴저지에서 들어오는 허드슨 도시철도PATH의 종착역이기도 했다. 맨해튼의 살인적인 주거비를 피해 근교에서 출퇴근하는 직장인과 통학하는 학생이 주 이용객이다. 무려 하루 평균 20만 명이 오가는 명실상부한 맨해튼의 관문이라 불리던 곳이었다.

9·11 테러로 무너진 기차역은 건축가 칼라트라바의 계획에 따라 재건되었다. 새로 지어진 역사의 평면은 사람의 눈을 닮았다. 그래서 이 건축의 또 다른 이름은 라틴어로 눈이라는 뜻의 '오큘러스oculus'다. 특별히 다른 용도로 바꾸거나 규모를 키우지 않았음에도 많은 주목을 받았던 건 다름 아닌 건축의 독특한 조형 때문이었다. 마치 생선 가시 혹은 거대한 벌레의 섬모纖毛마저 연상시키는 외관은 한 번 보면 쉽게 잊기 어려웠다.

역사 내부의 모습은 더욱 인상적이다. 거대한 고딕 성당처럼 보이기까지 하는 대합실 공간의 기본 구조는 배럴볼트barrel vault에 가까워 보였다. 배럴볼트란 아치arch가 직선 방향으로 길게 확장된 형태를 말한다. 이미 로마 시대부터 성당같이 기둥이 없는 대공간 건축에 사용된 꽤 고전적인 구조 양식이다.

아치의 가장 높은 곳에는
육중한 키스톤(key stone) 대신
날씬한 유리 천창이 있을 뿐이다

뉴저지에서 오는 모든 기차가
이곳 교통허브를 경유한다

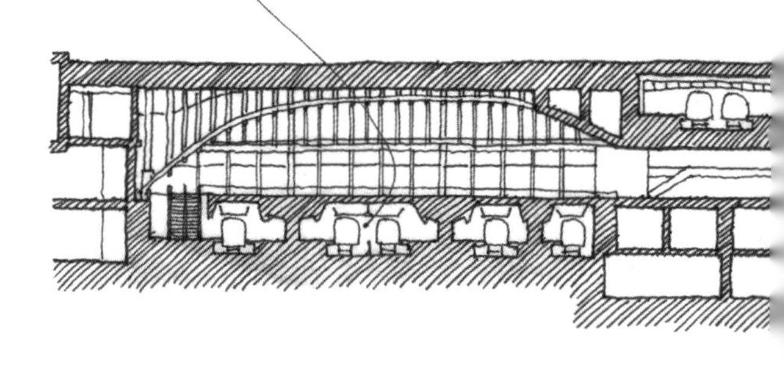

WTC TRANSIT HUB
"OCULUS"

세계무역센터 교통허브 종단면도

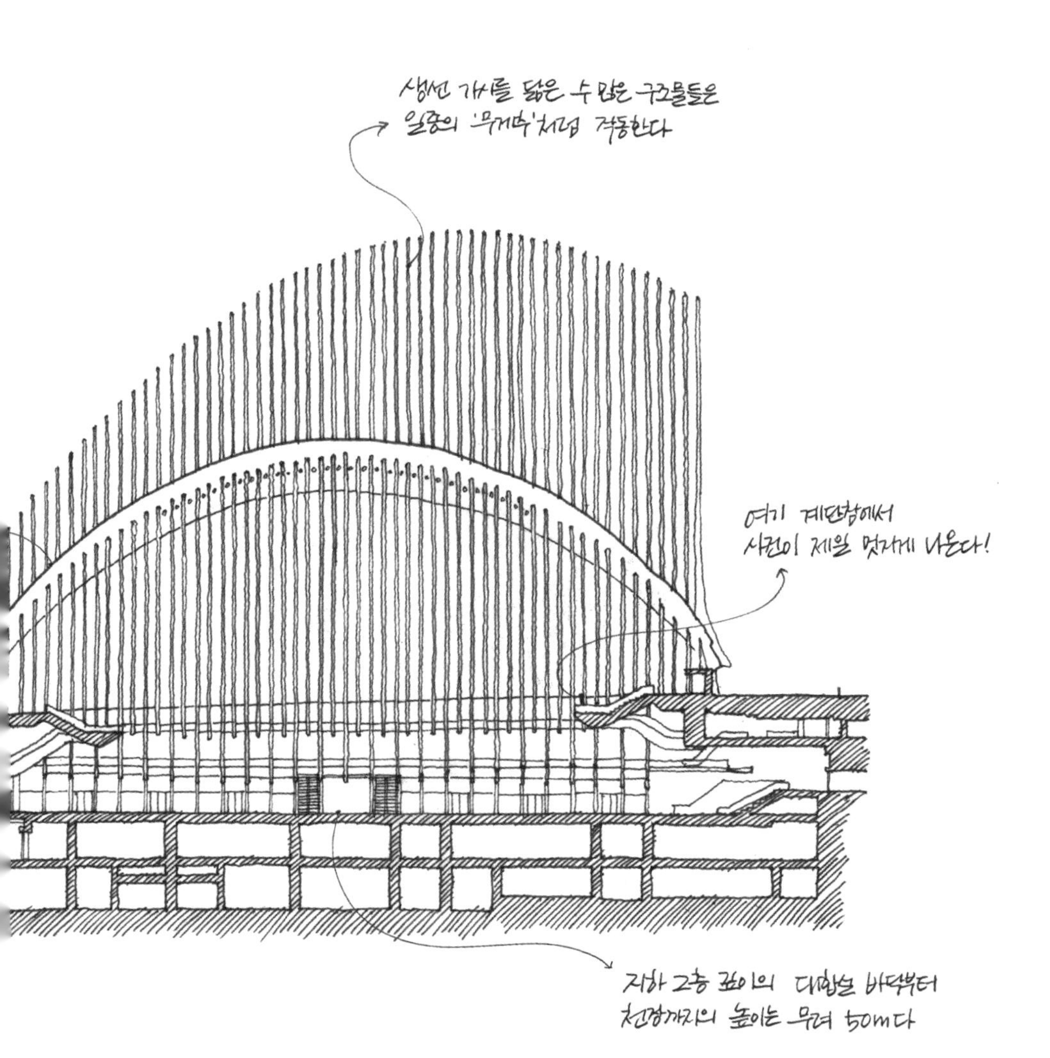
생선 가시를 닮은 수많은 구조물들은
일종의 '무게추'처럼 작동한다
여기 계단참에서
사진이 제일 멋지게 나온다!
지하 2층 깊이의 대합실 바닥부터
천장까지의 높이는 무려 50m다
0 5 10 20m

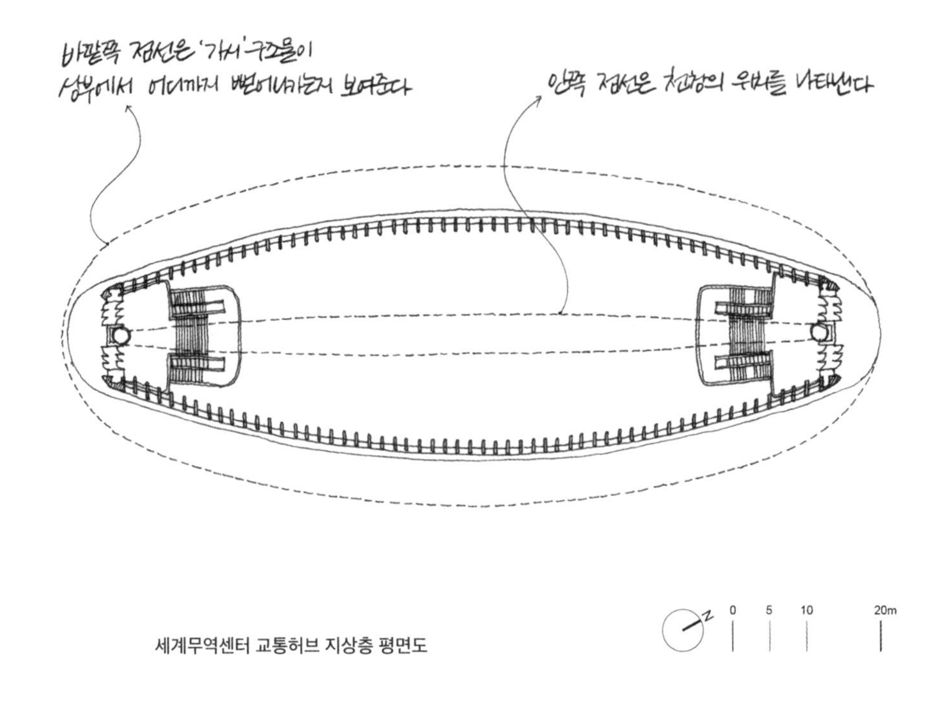

세계무역센터 교통허브 지상층 평면도

하지만 오큘러스의 천장에는 결정적인 차이가 있다. 키스톤keystone이 있어야 할 자리에 투명한 유리 천창이 끼워져 있기 때문이다. 본래 아치는 최상단에 키스톤, 혹은 홍예석虹霓石이라 불리는 돌이 꼭 들어맞게 끼워지며 각 부재를 단단하게 결속시켜야만 성립한다. 그 자리가 비어있다는 건 모양은 비슷할지 몰라도 전혀 다른 원리를 가졌다는 의미다.

실제로 오큘러스의 아치는 중앙으로 모이는 대신 바깥쪽으로 뻗어나간 '가시'에 의해 무게중심을 이루며 지지되고 있다. 쉽게 말해서 자립하는 좌우 두 구조체가 짝을 이루며 절묘하게 아치와 비슷한 모양을 만들어낸 것이다. 고전적인 구조 양식을 전혀 다른 원리로 구현해 반전을 꾀한 것이 과연 칼라트라바다웠다.

아치가 아님에도 아치처럼 서있기 위해선 최신의 설계 기법과 정교한 컴퓨터 시뮬레이션이 동원되어야만 했다. 각각의 부재는 독립적으로 균형을 잡을 수 있도록 섬세한 구조계산을 거쳐 모양이 결정되었다. 계산된 치수대로 공장에서 정밀하게 가공되어 온 강구조물은 현장에서 조립되었다. 마침내 가느다란 보조 부재에 의해 하나로 연결된 110개의 '가시'는 마법이라도 부린 것처럼 제자리에 우뚝 섰다. 이는 구조가 곧 공간이 되는 멋진 사례였다.

세계무역센터 교통허브의 최종 공사비는 약 5조 원이다. 공사 기간 중 강재의 가격이 폭등하는 등의 악재로 인해 최초 예산의 2배가 넘는 천문학적인 비용이 소요되었다. 같은 해 완공된 지상 123층 규모 잠실 롯데월드타워의 공사비가 약 3조 8,000억 원임을 비교해보면 얼마나 비싼 건물인지 더욱 실감이 난다. 자연스럽게 언론과 대중의 비판이 쏟아지기 시작했다. 혹자는 뉴욕의 모든 홈리스homeless에게 거처를 마련해주고도 남을 돈으로 세계에서 가장 큰 홈리스 집합소를 만들었다며 울분을 토했다. 결국 이 아름다운 건축은 개장과 동시에 '세상에서 가장 비싼 기차역'이라는 불명예를 안게 되었다.

이 비싼 건축물의 주된 마감재는 놀랍게도 시멘트 몰탈과 스투코

대합실 상부 구조와 천창.
날렵한 아치를 이루며 연속해서 하늘로 뻗은 구조물은
고딕 성당의 아름다움마저 떠올리게 한다.

상부 구조의 단부는 슬래브에 매달려 무게를 지탱하고 있다.

stucco◆다. 기하학적인 형태와 비일상적인 스케일, 미래적인 구조 시스템과는 사뭇 어울리지 않는 재료다. 강구조물의 내화 성능을 확보하기 위한 불가피한 선택이었겠으나 당초 계획안의 매끈하고 반짝이는 표면과는 조금 거리가 있다.

만약 내화 페인트나 다른 재료를 써서 매끈한 표면을 만들려고 했다면 공사비는 2배가 아니라 그 이상 치솟았을지도 모른다. 물론 꼭

◆ 골재나 분말, 물 등을 섞어 건물 표면에 바르는 미장 재료.

최신의 건물에 최신의 마감을 적용하라는 법도 없지만 문제는 다른 데에 있었다. 가까이에서 살펴본 건물 곳곳의 표면은 이미 박리되거나 탈락되어 크고 작은 보수가 진행 중이었다. 구조와 마감의 부조화가 초래한 하자였다. 앞으로 건물의 수리와 유지·보수에 들어갈 돈 또한 공사비와 마찬가지로 고스란히 사회적 비용으로 충당될 처지에 놓여 있다.

건축에는 '생애주기비용Life Cycle Cost'이라는 개념이 있다. 이는 건축물의 기획에서부터 설계, 시공, 유지·관리, 소멸까지 생애 전반에 드는 모든 비용을 뜻한다. 건축은 지어지는 데에도 막대한 비용이 들지만 지어진 후에 더 많은 비용이 소모된다. 전체 생애주기비용 중 많게는 80%까지를 유지·관리에 드는 것으로 보기도 한다. 앞으로 이 예술적인 건축물을 유지하기 위해 얼마나 더 많은 예산이 들어가게 될지 쉽게 가늠조차되지 않는 이유다.

최근 몇 년 새 칼라트라바의 작품 중 일부가 연이어 소송에 휘말리고 있다. 대부분 기술적인 문제나 하자에 의해 발생한 분쟁이었다. 매일 수십만 명의 사람들이 이용하는 맨해튼의 기차역 또한 예외일 것이라고 아무도 장담할 수 없다. 오늘도 이곳을 오가는 수많은 뉴욕 시민들의 매서운 '눈'은 이 '눈을 닮은 건축'을 지켜보고 있다.

건축이 자연을 대하는 방법

그레이스 팜스Grace Farms

SANAA

스마트폰을 들어 아무 쇼핑앱이나 켜보자. 친환경 섬유, 친환경 농산물, 친환경 가구……. 의식주를 막론하고 과연 '친환경'하지 않은 게 없다. 환경과 친하지 못하면 그 어떤 것도 살아남을 수 없는 세상이 도래한 것이다. 건축도 예외는 아니다. 2020년부터 전 지구적으로 시행되는 파리협정에는 '건축물의 온실가스 배출권 규제'에 대한 내용이 담겨 있다. 환경과 관련된 건설·건축 분야의 규제 또한 매해 빠른 속도로 꾸준히 강화되는 추세다.

당장 진행하고 있는 몇몇 설계 프로젝트만 해도 그렇다. 건축 허가를 받으려면 건물 외벽의 열적 성능을 일일이 계산해 별도로 첨부해야 하고 공공건축은 에너지 효율을 증명하는 인증서를 필수로 받아야만 비로소 완공 처리가 된다. 건축이 환경과 얼마나 친한지를 지표로 환산하여 증명해야 하는 시대에 건축가들의 손과 발은 더욱 바빠진다. 그런데 잠깐, 환경과 친하지 않은 건축도 있던가?

건축과 환경의 친밀도를 논하려면 먼저 환경이란 무엇인지부터 알아야 한다. 환경環境의 사전적 정의는 '대상을 둘러싼 주변'이다. 크게는 인문환경과 자연환경으로 구분한다. 전자는 인간이 인위적으로 만들어낸 주변을 말하는 것으로 주로 도시의 도로, 교량, 건물 등이 여기에 속한다. 후자는 인간 이전부터 존재했던 주변으로서 지형, 수리, 산세 등을 말한다.

건축 설계의 과정이란 먼저 건물이 들어설 자리와 그 주변부터 면밀히 살피는 것이 순서다. 땅의 고저, 방향, 조망을 따져보는 건 자연환경을 살피는 일이고 주변의 도시 조직이나 차량의 접근 따위를 확인하는 것은 인문환경을 살피는 일이다. '대상'을 세우기 전에 먼저 그 '주변'에 관심을 가지는게 곧 건축이다. 그뿐만 아니라 지어진 건축은 그 자체로 다른 건축에 또 하나의 인문환경이 된다. 환경과 친하지 않은 건축은 애초에 존재할 수조차 없는 까닭이다.

도시에 지어지는 건축은 보다 인문환경과 관계가 깊고 교외에 지어지는 건축은 자연환경과 더 밀접할 수밖에 없다. 언뜻 생각하기엔 복잡한 도시에 짓는 집보다 한적한 교외에 짓는 집이 설계하기 수월

구릉을 따라 놓인 그레이스 팜스 전경.

할 것 같지만 실상은 그 반대다. 인문환경이 고작 수백, 수천 년간 인간에 의해 만들어진 것인데 반해 자연환경은 수만, 수억 년간에 걸쳐 생성된 것이기 때문이다. 게다가 자연환경은 비가역적이다. 한번 훼손된 땅이나 뽑힌 나무는 쉽게 되돌려질 수 없다.

제아무리 '친환경적'인 설계와 시공을 거칠지라도 환경은 건축으로 말미암아 변화한다. 때문에 이를 대하기에 앞서 한 번 더 고민하고 시간을 들이는 건 건축가의 당연한 의무이자 시대적 소명이다. 저 푸른 초원 위에 그림 같은 집을 짓는 일은 결코 노랫가락처럼 콧노래 흥얼거리며 할 수 있는 쉬운 일이 아니다.

그런 고민이 가득 담긴 건축이 있다고 해서 맨해튼에서 차를 빌렸다. 북쪽으로 간선도로를 타고 시내를 빠져나오자 금세 한적한 시골길이 펼쳐진다. 이내 뉴욕에서 코네티컷으로 행정구역이 바뀐다. 끝없이 펼쳐지는 구릉과 평야가 인상적인 풍경 한가운데 '그레이스 팜스Grace Farms'가 있다. 일본의 건축가 세지마 카즈요妹島和世, 1956~ 와 니시자와 류에西沢立衛, 1966~ 의 사무실 SANAA의 2016년 작업이다. 그들은 지난 2010년 프리츠커 건축상의 주인공으로 전 세계를 무대로 작업을 진행했다. 이들의 건축은 딱 세 마디로 요약할 수 있다. 두께가 느껴지지 않는 가벼운 지붕, 부러질 듯 가느다란 원기둥, 그리고 백색white.

그레이스 팜스는 비영리 재단에서 소유하는 농장에 세워진 공공시설이다. 낮고 넓은 구릉 위로 마치 한 마리의 뱀, 혹은 엎질러진 우유를 연상하게 하는 유선형의 지붕이 살포시 올라타 있다. 그 아래로는 크고 작은 공간이 흩어져 있다. 사람들은 이 길고 거대한 지붕을 찾아 가족 혹은 연인과 함께 책을 읽고, 식사를 하며, 산책을 즐기고, 요가를 배운다.

주차장에 차를 세우고 좁은 오솔길을 따라 걸으면 지붕의 가장 낮은 곳, 웰컴 센터Welcome Center에 도착한다. 모든 방문자에겐 한 잔의 웰컴 드링크가 무료로 제공된다. 이곳의 역할은 말 그대로 드넓은 자연에 위치한 건축에서 내가 어디에 있는지, 어디로 가야 하는지를 알려주는 '건축적 이정표'다. 물방울 형태의 평면은 넓고 투명한 곡면 유리로 사방이 둘러싸여 있다. 건축가가 디자인했다는 독특한 형상

지붕 아래로 이어지는 길.

의 소파에 앉으니 창문 너머로 방금 걸어온 길과 걸어가야 할 길이 한 눈에 들어온다. 그날의 웰컴 드링크는 '말린 오렌지를 곁들인 얼그레이'였다.

다시 밖으로 나오자 굽어진 지붕의 형태를 따라 순서대로 레스토랑과 카페테리아, 아트숍, 오디토리움이 나온다. 각 공간의 외벽은 모두 웰컴 센터와 동일한 곡면 유리로 되어 있다. 이 유리는 그 자체로 정밀하게 계산된 구조 부재다. 때문에 사방으로 그 어디에도 금속 창틀이 없어 마치 투명한 막처럼 보인다. 유리 바깥으로 길게 내밀어

투명한 외벽과 부유하는 지붕.

진 처마는 여러 개의 하얀 기둥으로 받쳐진다. 원기둥은 대단히 가늘게 설계되어 결코 시야를 가리는 일이 없다. 심지어 그 너머로 보이는 침엽수림의 줄기와 겹쳐 보이며 눈앞에서 사라진다. 투명한 유리와 가느다란 기둥에 의해 지지되는 지붕은 거대한 크기에도 불구하고 가볍게 부유한다.

이 건축의 백미는 체육관이다. 정식 농구코트가 들어갈 정도의 대공간은 다른 곳에 비해 높은 층고가 필요했다. 건축가는 지붕을 높이는 대신 바닥을 한 개 층 아래로 내렸다. 다른 곳과 마찬가지로 투명

체육관 외벽을 통해 보이는 풍경.

한 유리로 둘러진 지면 부근으로는 관중석이 있다. 건물 주위를 따라 걷다 보면 꼭 안으로 들어가지 않아도 운동하는 사람들의 모습이 한눈에 들여다보인다. 반대로 안에서 올려다보면 사방으로 푸른 하늘과 숲의 풍경이 쏟아져 들어올 게 분명했다.

건축가는 이 아름다운 자연 위에 아무것도 만들고 싶지 않았던 것 같다. 다만 한 잔의 차를 마실 때 비를 막아줄 한 장의 지붕을 올려놓았을 뿐이다. 그래서 이 건축의 벽과 기둥은 없는 것과 다름없다. 산책하며 멀리서 바라본 건물은 마치 넓은 초원 위에 살포시 내려앉은

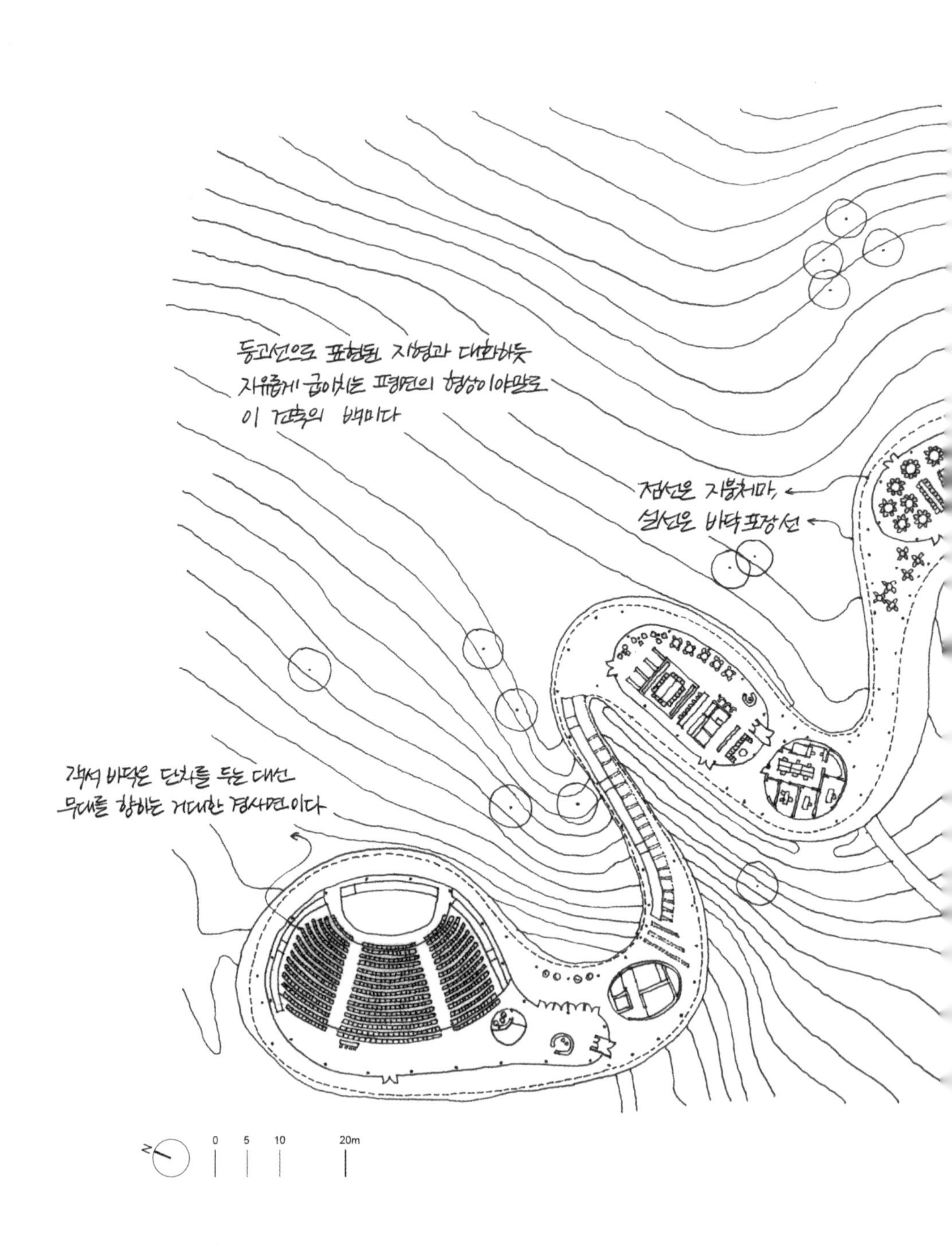
등고선으로 표현된 지형과 대화하듯
자유롭게 굽이치는 평면의 형상이야말로
이 건축의 백미다
점선은 지붕처마,
실선은 바닥 포장선
객석 바닥은 단차를 두는 대신
무대를 향하는 거대한 경사면이다
N
0
5
10
20m

GRACE FARMS

그레이스 팜스 지상층 평면도

하얀 깃털같이 보였다.

이곳의 레스토랑에서는 직접 재배한 유기농 작물을 이용한 요리를 선보이고 있다. 식재료의 신선함과 본연의 맛을 최대한 존중하는 레시피를 사용한다고 했다. 간을 한 듯 안 한 듯, 소스를 넣은 듯 넣지 않은 듯 담백한 음식은 건축과도 참 닮아 있었다.

나도 샌드위치로 늦은 점심을 대신했다. 멀리 초원이 시원스럽게 내다보이는 창가 자리에 앉아 한입 크게 베어 물었다. 음식은 기대 이상으로 맛있었다. 하지만 궂은 날씨에도 많은 사람이 이곳을 찾는 건 샌드위치의 맛 때문만은 아닌 게 분명했다.

빈자리의 미학

포 프리덤스 파크Four Freedoms Park

루이스 칸Louis Isadore Kahn

2016년 11월 7일, 그날은 미국의 제45대 대통령 선거를 하루 앞둔 월요일이었다. NBC 방송국이 입주해 있는 록펠러센터Rockefeller Center의 외벽에는 빨간색과 파란색 경관 조명이 절반씩 설치됐다. 공화당과 민주당의 상징색이 비추는 높은 벽면은 마치 거대한 투표율 그래프처럼 보였다. 도시 전체에는 왠지모를 전운마저 감돌고 있었다.

뉴욕주는 전통적으로 민주당의 강세 지역이다. 하지만 이른바 '샤이 트럼프Shy Trump'가 있어 방심할 수는 없다는 게 중론이었다. 그날 저녁 유학 후 뉴욕에서 건축가로 일하고 있는 한 선배와 식사를 같이 했다. 그는 '만에 하나'라는 단서를 붙이며 트럼프의 당선을 우려했다. 외국인과 이민자에 적대적인 공화당의 행보로 볼 때 선거 결과에 따라 한국으로 돌아가야 할지도 모른다고 했다. 심지어 며칠 전에는 직장 동료가 돌연 책상 위에 트럼프 인형을 꺼내 지지를 밝히는 일까지 있었다며 연신 불안감을 토로했다. 호텔로 돌아온 나는 개표방송을 조금 보다가 이내 잠이 들어버렸다. 그리고 다음 날 아침, 도널드 트럼프는 미합중국 제45대 대통령 당선인이 되어 있었다.

그로부터 5년이라는 세월이 흘렀다. 다행히 그 선배는 뉴욕에서 여전히 일하고 있었고 트럼프는 재선에 실패했다. 지난 230년 미국 민주주의 역사상 재선에 실패한 대통령은 단 열 명뿐이다. 단임으로 임기를 마친 트럼프에겐 '실패한 대통령', '사랑받지 못한 대통령'이란 꼬리표가 평생 따라다닐 게 분명하다. 반면 미국의 역대 대통령 중에는 무려 네 번이나 임기를 거친 사람도 있다. 제32대 대통령 프랭클린 델러노 루스벨트Franklin Delano Roosevelt, 1882~1945다.

그는 매년 미국에서 실시되는 역대 대통령 인기투표에서 '국부國父' 조지 워싱턴George Washington, 1732~1799, '민주주의의 아버지' 에이브러햄 링컨Abraham Lincoln, 1809~1865과 함께 항상 상위권에 이름을 올리는 주인공이기도 하다. 실패한 대통령에겐 가차 없이 표심을 행사하지만 기억하고 싶은 대통령에겐 한없는 애정을 보내는 미국인들이다. 시민들은 그를 여전히 사랑하고 기꺼이 기념하길 원한다. 염원은 곧 공간이 되어 시민들 곁으로 찾아왔다. 맨해튼 반도 동쪽에 위치한 작은 섬 '루스벨트 아일랜드Roosevelt Island'다.

이곳의 옛 이름은 '블랙웰 아일랜드Balckwell Island'였다. 어두운 이름처럼 한때 정신병원과 감옥이 있던 격리 장소다. 뉴욕이라는 빛나는 도시의 이면에 늘 그림자처럼 존재했던 섬은 1972년 도시재생 정책을 통해 새로운 국면을 맞이하게 된다. 뉴욕시는 루스벨트 대통령의 이름을 붙이고 여기에 그를 기념하는 '포 프리덤스 파크Four Freedoms Park'를 세우기로 결정한다.

설계를 맡은 건 미국의 건축가 루이스 칸Louis Isadore Kahn, 1901~1974이었다. 그러나 계획안이 채 완성되기도 전인 1974년, 펜실베이니아의 한 기차역에서 그는 심장마비로 사망하고 말았다. 설상가상으로 뉴욕시는 곧 심각한 경제 위기를 맞이했다. 계획안은 표류했고 섬은 다시 사람들로부터 잊혀갔다. 사망 당시 신원 미상이던 루이스 칸의 소지품 중에는 손으로 그린 공원의 설계도가 있었다고 전해진다. 이 한 장의 스케치가 무려 30년이 지나 그의 아들에 의해 발견되며 계획안은 다시 급물살을 타게 된다. 마침내 후배 건축가들에 의해 완성된 루이스 칸의 유작은 2012년 대중에게 공개되었다.

렉싱턴가 역에서 블루밍데일 백화점을 지나 동쪽으로 한 블록을 더 가면 케이블카 정류장이 있다. 퀸즈보로 브리지Queensboro Bridge 교각에 의지해 운행되는 오래된 케이블카다. 창밖으로 시끌벅적한 맨해튼의 시가지가 서서히 멀어진다. 겨우 5분 남짓 지났을까. 섬에 내리자 이내 적막이 온몸을 감싼다. 강 하나를 건넜을 뿐인데 도시의 풍경은 소리 없는 배경이 되어 있었다. 섬의 남쪽 공원까지 이어지는 길은 아름답고 평화로웠다. 걸어가는 내내 그 누구도 크게 떠들거나 시끄럽게 굴지 않았다. 비록 섬의 크기에 비해 공원이 차지하는 면적은 보잘것없지만 그럼에도 '루스벨트 아일랜드'라는 이름이 붙기에 과연 합당해 보이는 풍경이다.

건축가 루이스 칸은 1972년 한 강연에서 "기념 건축은 방과 정원 그뿐이다"라고 말한 적이 있다. 포 프리덤스 파크를 염두에 두고 한 말인지 확인할 길은 없다. 다만 하늘에서 본 이 작은 공원이 이등변 삼각형 형상의 정원garden과 그 꼭짓점에 위치한 정사각의 방room으로 되어 있는 것만은 확실했다.

공원으로 들어가려면 관리 초소 옆 작은 철문을 지나야 한다. 상징적인 입구도, 화려한 문도, 거대한 기념탑도 없다. 오직 다섯 그루의 너도밤나무가 가지런히 심어져 있을 뿐이다. 시원스럽게 드리워진 나무 그늘은 방문객으로 하여금 특별한 영역에 들어섰음을 인지하게 만든다.

정원에는 중앙의 잔디밭 양옆으로 백여 그루의 라임 나무가 심어져 있다. 사람 키보다는 살짝 높게 두 사람이 지나갈 정도 폭을 두고 나란히 서 있는 나무들이 만드는 공간은 고딕 성당의 네이브nave를 닮아 있었다. 멀리 한 점을 향해 소실점을 이루는 길과 나무를 따라 사람들은 자연스럽게 방향성을 가지고 걷게 된다. 그 끝에 방이 있다.

방의 입구에는 루스벨트 대통령의 두상이 걸려있어 공간의 목적을 암시한다. 이를 지나 안으로 들어서자 남쪽의 대서양을 향해 한쪽

라임 나무가 만드는 공간.

벽면이 시원스레 열려 있다. 나머지 세 면으로는 거대한 화강석 벽이 주위의 소리와 풍경을 완벽하게 가리고 있었다.

그런데 이상하게도 방 한가운데는 아무것도 없었다. 으레 이런 곳의 정중앙에는 기념탑이나 동상, 하다못해 황동판에 새긴 한 줄 문구라도 있음 직했지만 전혀 보이지 않았다. 탁 트인 바다와 하늘을 보며 잠시 서있다가 문득 깨달았다. 비워진 방 가운데 있는 건 다름 아닌 '나'였다. 이등변삼각형의 꼭짓점이자 정사각형의 중심, 이 기념

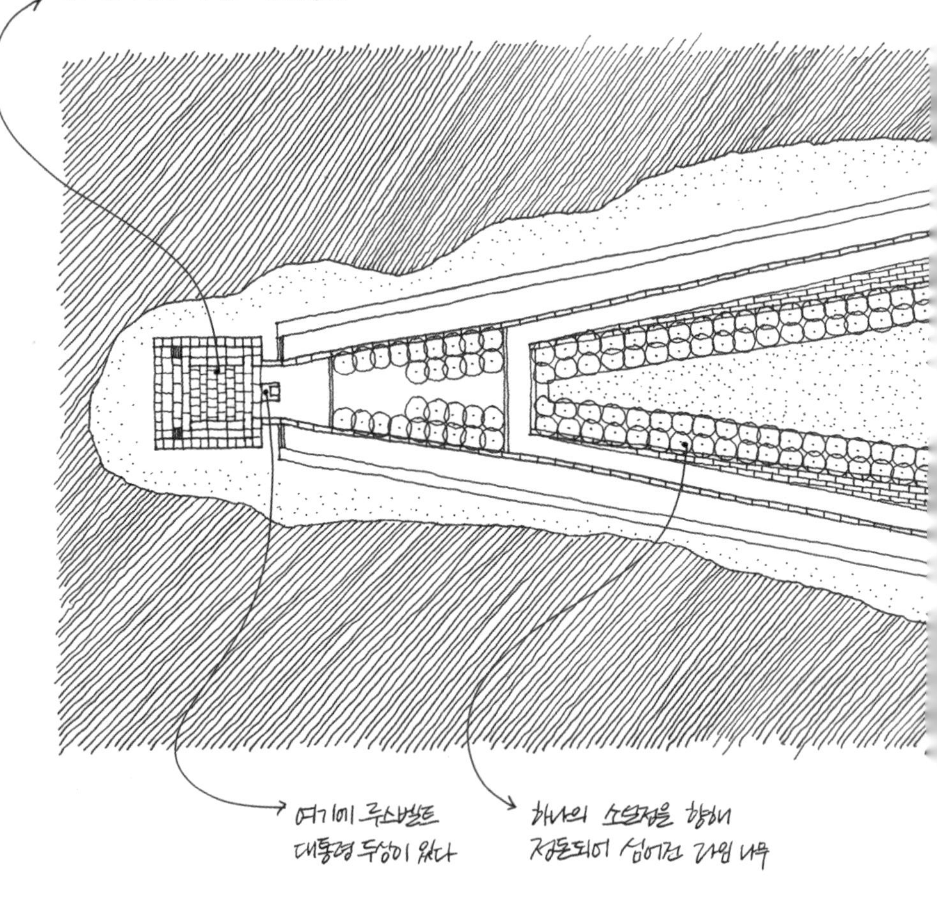
'정사각의 방(room)'
비워진 공간으로 이스트강의 풍경과
맨해튼의 스카이라인이 채워진다
여기에 루스벨트
대통령 두상이 있다
하나의 소실점을 향해
정돈되어 심어진 라임 나무
FOUR FREEDOMS PARK

포 프리덤스 파크 배치도

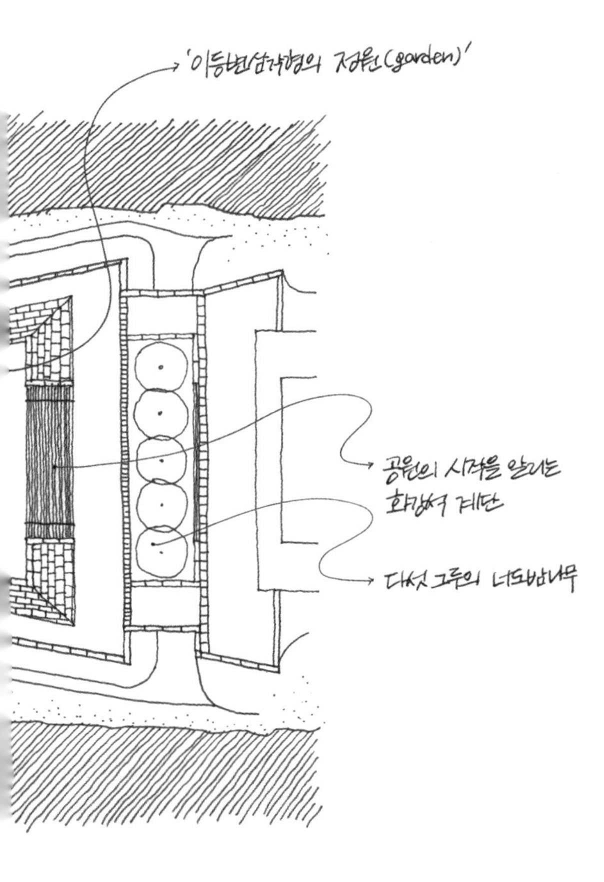
'이등변삼각형의 정원(garden)'
공원의 시작을 알리는
화강석 계단
다섯 그루의 너도밤나무

N
0 5 15 30m

공원의 남쪽 끝 방에서 보이는 풍경.

건축의 가장 중요한 위치에 서 있는 건 바로 나 자신이었다.

포 프리덤스 파크라는 이름은 그가 1941년 행한 동명의 연설에서 유래했다. 네 가지 자유Four Freedoms란 각각 '언론과 의사 표현의 자유Freedom of speech and expression', '신앙의 자유Freedom of worship', '결핍으로부터의 자유Freedom from want', '공포로부터의 자유Freedom from fear'를 뜻한다. 그의 연설은 훗날 세계인권선언UDHR을 정초하고 많은 민주주의 국가들의 헌법에 영향을 미쳤다. 루스벨트는 민주주의에서 한 사람의 인권의 자유가 얼마나 중요한지를 피력했던 대통령이었다. 이곳의 건축 또한 그 정신을 꼭 닮아 있었다.

이 위대한 기념 건축의 정점에 세워진 건 대통령도, 건축가도, 자본가도 아니었다. 비워진 공간을 채우는 건 한 사람의 시민이었다. 그곳에서 우리는 비로소 자유로울 수 있었다.

리베스킨트가 말하는 공공성과 기념비성

뉴욕으로 답사를 떠나기 전 여러 건축가들에게 메일을 보내 인터뷰를 요청했다. 내가 어떤 사람인지, 왜 그곳에 가게 되었는지, 그래서 어떤 걸 물어보고 싶은지 꽤 자세히 적었지만 답장은 오지 않았다. 출국날은 점점 다가오고 마음은 초조해졌다. 어렵게 얻어낸 기회인 만큼 건축을 보는 것을 넘어서 그 건축을 그린 건축가의 이야기를 꼭 듣고 싶었기 때문이다. 그 순간 스마트폰에 새 메일 알림이 울렸다. 발신자는 '스튜디오 리베스킨트Studio Libeskind'였다.

건축가 다니엘 리베스킨트Daniel Libeskind, 1946~는 '9·11 추모 공원 및 기념관'의 마스터플랜을 그린 장본인이다. 넓은 대지에 오랜 시간에 걸쳐 조성된 이곳은 마이클 아라드Michael Arad와 피터 월커Peter Walker가 추모 공원을, 스노헤타Snøhetta가 기념관의 파빌리온을, S.O.M., BIG, 리처드 로저스Richard Rogers, 마키

후미히코槇文彦 등이 마천루를 설계했다. 수많은 건축가와 조경가가 참여했지만 정작 리베스킨트가 설계한 건축plan은 하나도 없다. 그는 뒤에서 이 전체의 과정이 일목요연하고 조화롭게 완성되게끔 하는 역할을 했다.

플랜plan은 단일 건축물의 평면도 혹은 배치도를 뜻한다. 마스터플랜master plan은 각각의 플랜이 서로 어떤 관계를 맺어야 하는지를 조정하는 큰 그림이다. 이는 특히나 건축이 복수의 주체, 혹은 긴 시간, 또는 넓은 범위에 걸쳐 완성되어야 하는 경우 마스터플랜의 역할은 절대적이다. 그때그때 상황에 맞춰 마구잡이로 플랜이 들어서면 전체를 완성하고도 알아볼 수 없는 그림이 된다. 그래서 마스터플랜을 그리는 일은 어쩌면 플랜을 그리는 일보다 더욱 신중해야 하고 그만큼의 노련함을 요한다.

스튜디오 리베스킨트에서의 인터뷰 모습.

그를 만나기 위해 뉴욕 스튜디오를 찾았다. 월 스트리트에서 그리 멀지 않은 중심가에 위치한 사무실은 고층 건물의 한 개 층을 통째로 쓰고 있었다. 문을 열고 들어서자마자 딱 붙는 청바지를 입은 노장 건축가에게 시선을 빼앗겼다. 건축가에겐 정년이 없다더니 과연 그 말을 실감하게 만들 정도로 정력 넘치는 모습이었다. 길게 이야기를 나눌 순 없었지만 사전에 질문지를 보내 놓은 덕분에 궁금증을 많이 해소할 수 있었다. 대담에는 스튜디오 리베스킨트의 한국인 파트너 민승기 소장께서 특별히 수고해주셨다.

계획안의 중심 공간을 큰 공원으로 비워낸 이유는 무엇입니까?

사람들에게 가장 강력하게 기억되는 공간의 형태는 결국 보이드void라고 생각했다. 비워진 광장을 뉴욕 도시에 다시 돌려주고 싶었다. 두 개의 폭포를 놓아 그 공간이 비워져야 하는 이유를 만들었다. 슬픔을 너무 어둡지 않게 담고 싶었다. 그래서 더 역동적인 공간을 만들고자 했다. 결과적으로 이 계획안은 기존의 기념 건축들과는 매우 다른 이정표가 되는 제안이 되었다.

10년 가까이 진행된 장기 프로젝트였습니다.

건축 이외의 영역에서 주된 어려움은 무엇이었습니까?

유가족들의 요구 사항이 상당히 많았다. 예를 들어 폭포 가장자리 동판에 새겨진 이름의 위치도 일일이 조정된 것이다. 희생자가 실제로 친했던 사람들 이름 곁에 함께 놓이도록 알고리즘을 만들어 배열했다. 의견을 최대한 반영하여 약 3천 명의 이름이 새겨졌다.

참사 후 정확히 10년이 되는 날에 열린 개관식에서 첫날 하루는 유가족들만 먼저 들어올 수 있도록 배려했다. 지금도 매년 행사가 열릴 때마다 유가족들은 최우선으로 초청된다.

기념 건축은 추진 기간이 길고 다양한 층위의 사람과 단체들이 개입하게 됩니다. 건축가는 어떤 입장을 가져야 합니까?

너무 힘들다. 어느 한 사람이 맞다 틀리다 절대 말할 수 없다. 의견이 다 다르고 각자가 추구하는 목적이 다르다. 기념사업은 유가족, 관리감독자, 정부 및 지자체 등을 상대하는 것뿐만 아니라 공공public을 고려해야 한다. 공청회 등을 하는 이유가 그것이다. 예산을 집행하는 모든 과정에서 공공의 동의가 있어야 한다. 결국 기념사업이란 모든 사람이 공감할 수 있는 결과물이어야만 한다.

공원과 기념관만 만든 것이 다가 아니라 기존 건축물의 면적만큼을 상업 시설로 계획해야 했다. 결국 토지주 입장에서는 돈을 벌어야 하기 때문이다. 상업 시설과 기념관은 잘 안 어울리지만 오히려 사람들의 방문을 유도하는 요소가 되도록 했다. 건축적으로 의미있는 것도 중요하지만 모든 사람들이 공감할 만한 것이 더 좋은 건축물이다.

유가족에서도 대표자를 정해서 사업에 참여시켰다. 사람의 입이 하나가 늘어날 때마다 프로젝트는 배로 힘들어진다. 사공이 많으면 배가 산으로 갈 수밖에 없다. 그럼에도 건축가는 어느 한 의견에 치우치지 않고 신념을 가져야 한다. 객관적으로 잘못된 것은 바로잡으면서도 균형을 유지할 필요가 있다.

미래 건축에서 기념비성Monumentality이란 어떤 방법으로 구현 또는 체험되어야 한다고 생각합니까?

한국에도 많은 기념관과 기념 공원이 있는 것으로 알고 있다. 그러나 대부분은 연간 몇백 명 수준의 방문객이 전부다. 딱딱하고 차가운 돌 포장 위에 거대한 동상이 서있을 뿐이다. 운영 측면에서도 매년 적자일 게 뻔하다. 그곳이 정말 아이들을 데리고 가서 도시락을 꺼내 편하게 먹을 수 있는 공간인가? 공공이 편하게 접근하고 사용하도록 배려하지 못하고 기념비의 힘 자체에 집중한 안타까운 결과이다.

'9·11 추모 공원'에는 기념비라고 할 만한 것이 없다. 그럼에도 모든 사람이 기념관이라고 하면 제일 먼저 이곳을 떠올린다. 그 이유가 무엇일까? 사람들이 이곳을 좋아하는 이유는 다른 기념관보다 '공공성'이 훨씬 강하기 때문이라고 생각한다.

대중이 많이 찾아오고 기억해주지 않으면 사건의 당사자에게도 의미 없는 기념관이 되어버린다. 누군가에게 특정된 경험이 아닌 '보편적 경험'을 많이 담아낼 수 있는 건축이야말로 가장 기념비적인 건축일 것이다.

브라질

건축이
도시의 풍경을
만든다

브라질에 집 지으러 왔수다

브라질 출장에 임하는 나의 마음가짐은 이전과는 사뭇 달랐다. 지난 일본으로의 출장이 모형을 들고 가 설치하는 나름 단순한 작업이었다면 이번엔 어찌 됐든 간에 정말 '집'을 '지어야'하는 막중한 임무를 떠고 있었기 때문이다. 게다가 배낭여행으로도 가보지 못했던 남미대륙이었다.

이역만리 브라질까지 오게 된 사연은 이렇다. 오래전 한 전시에 출품하기 위해 설계했던 작은 파빌리온pavilion◆이 있다. 그런데 전시의 규모가 점점 커지더니 전 세계를 순회하기에 이르렀다. 회화나 조각과는 달리 건축은 한국에서 만들어 배나 비행기에 실어 보낼 수도 없는 노릇이었다. 결국 내가 직접 상파울루까지 가서 짓는 것으로 결론이 났다.

◆ 박람회나 전시장에서, 또는 특별한 목적을 위해 임시로 만든 건물.

브라질 출장기

가로 1.8*m*, 세로 3*m*, 높이 6.5*m* 두 개 층 규모의 대나무 건축물. 이것이 내가 완수해야 하는 이번 출장의 목적이었다. 보통 현장이라는 게 서울만 살짝 벗어나도 내 맘대로 잘 안 되고 힘이 드는 경우가 다반사다. 그런데 이번엔 지구 정반대 편의 브라질이다. 고생길이 훤히 열릴 게 분명했다. 그나마 천만다행인 것은 똑같은 건물을 지난 서울 전시에서 지어본 경험이 있다는 점 정도였다. 물론 당시에도 난생처음 접한 '대나무 건축'의 난해함 때문에 몇 날 며칠을 고생했던 기억이 생생하다. 건축가의 언어는 도면drawing이다. 종이 위의 선과 숫자들은 나의 생각을 타인에게 전달하는 유일하고도 절대적인 도구다. 그래서 도면은 늘 보는 사람의 입장을 생각하며 그려야 한다. 클라이언트에게 보여주는 도면에는 벽 안쪽을 까맣게 칠해 공간의 생김과 관계만을 설명하더라도 시공자에게 보여주는 도

문화역서울284 'DMZ'展 '새들의 수도원' 실물 모형.

면은 켜켜이 쌓인 재료나 공법까지도 명기해줘야 하는 이유가 그것이다.

내뱉지 않은 말은 말이 아니다. 머릿속에서 수백 번을 생각했을지라도 도면에 한 줄 쓰지 않으면 절대 지어지지 않는다. 브라질로 출발하기 전 내가 할 수 있는 일은 그저 더 완벽한 도면을 그리는 것뿐이었다. 서울에서의 시행착오를 발판으로 삼아 수도 없이 수정하고 보완했다. 그럼에도 낯선 환경하에서 과연 얼마나 완벽하게 지어질 수 있을까. 상파울루에 도착하는 그 순간까지도 내내 의문이었다.

두 번의 환승과 30시간의 긴 비행에도 다행히 내 몸은 무탈했다. 저녁 늦게 호텔로 들어와 짐을 풀고는 곧바로 곯아떨어졌다. 바로 다음 날 아침부터 네 명의 브라질 작업자를 지휘하여 나흘 안에 설치를 끝내야 하는 강행군이 이어졌다. 단 하루의 여유도 없었다. 작업을 종료함과 동시에 대대적인 개막 행사가 준비되어 있기 때문이다. 결코 그 누구의 실수도 용납될 수 없는 상황이다. 심지어 나의 귀국 항공편은 작업을 마치기로 예정된 당일 저녁에 출발하기로 되어 있었다.

첫째 날 아침, 현장에 도착해 제일 먼저 확인하고 싶었던 건 한국에서부터 여러 차례 연락을 주고받으며 준비했던 대나무의 상태였다. 지어질 건축물은 주요 구조부터 바닥, 외장, 계단까지 모든 요소가 대나무로만 이루어져 있다. 때문에 그 어떤 재료보다도 대나무의 품질과 의장성이 작품의 질을 좌우하는 결정적인 요소였다. 전시 장소인 주브라질 한국문화원 앞마당에는 대나무가 가지런히 쌓여 있었다. 아마존 밀림에서부터 직접 공수했다는 재료는 우려했던 것보다는 상태가 나쁘지 않았다. 아침 일찍부터 한 분이 나와 수건으로 정성스레 대나무 표면을 닦고 있었다. 본인이 하는 일에 이 정도 애정을 보이는 작업자라면 한번 믿어봐도 좋을 것 같았다.
나는 포르투갈어를 못하고 작업자들은 영어를 못했다. 아무리 건축이 도면으로 의사소통하는 일이라고 해도 말 한마디가 때로는 100장의 도면보다 나을 때도 있는 법이다. 작업 내내 옆에서 통역을 도와줄 담당자가 도착했다. 대학생인 그는 브라질에서 오래 살아 한국어와 포르투갈어를 자유롭게 구사했다. 그간의 현장 경험에 비추어볼 때 단순한 통역 업무를 담당하는 사람일지라도 설계 의도를 정확히 이해하지 못하면 반드시 오역이 생기고 작업에 영향을 미친다. 때문에 먼저 통역자에게 한국어로 설계 의도와 작업 진행에 대한 충분한 설명을 한 후에 비로소 작업자들과 다시 한 번 회의를 하며 전열을 가다듬었다. 시간은 조금 오래 걸릴지 모르지만 나는 이 순서와 방법에 확신이 있다.
셋째 날 저녁이 되어도 전시장은 여전히 대낮이었다. 진도는 1층 바닥과 벽이 거의 완성되가는 정도였다. 손이 많이 가는 외피 작업을 먼저 하다 보니 시간은 비교적 오래 걸리는 반면 상대적으로 진척이 별로 없어 보였다. 작업자들도 꽤 지쳐있는 모습이었다. 그래도 늦은 시간까지 열심히 해주는 게 고마워 그만 해산하려는 찰나, 아뿔싸. 건물이 놓인 방향이 도면과 정반대인 것을 발견하고야 말았다.

말해야 할까 말아야 할까. 짧은 시간 동안 수십 번 고민했다. 분명 작업자들이 도면을 거꾸로 놓고 본 것 같긴 한데 이제 와서 수정하려면 남은 이틀을 꼬박 새워도 장담할 수 없는 일정이었다. 이럴 땐 판단을 빨리하고 대안을 더 오래 생각하는 쪽이 좋다. 원래 의도했던 방향과 반대로 만들어졌음을 사실대로 고했다. 대신 이대로 완성해도 큰 문제는 없으니 계속 진행하기로 했다. 작업자들은 자신들의 명백한 실수에 미안해했지만 한편으로는 상황을 이해하고 믿어주는 나에게 고맙다는 말을 건넸다.

결국 사람이 하는 일이다. 지금 와서 돌이켜 봐도 그리 큰 실수는 아니었고, 오히려 더 좋아진 면도 있었다. 그날 저녁 작업자와 나 사이에 오간 한두 마디 신뢰의 말이 그들로 하여금 끝까지 포기하지 않고 완성하게 만든 원동력이 되었을 것이다. 신뢰를 쌓는 데에 언어는 그리 큰 장벽이 아니었다. 귀동냥으로 얻어 배운 짧은 포르투갈어로 나 역시 감사의 인사를 전했다. "Obrigado(고마워)!"

작업자들과 기념사진.

마침내 마지막 날 아침이 밝았다. 예상 일정대로 무사히 진행된 덕분에 남은 작업은 자잘한 디테일 위주였다. 하지만 마지막까지 결코 방심할 수는 없었다. 결국 전체의 인상이라는 건 손에 닿는 작은 윤곽이 모여 만들어지는 것이기 때문이다. 최종적으로 부재의 방향이나 뻗어나간 상태 따위를 일일이 만져가며 검수하고 조율하는 일 또한 예정된 시간 내에 마쳐야만 했다.

이제는 내가 직접 리프트를 타고 오를 차례다. 대나무는 자연 재료인 만큼 절대로 도면과 같이 직선일 수 없다는 걸 지난 경험을 통해 깨달았다. 제멋대로 삐죽삐죽한 대나무를 전체 형상을 상상하며 하나씩 돌리고, 비틀고, 움직여줘야만 한다. 마치 어린아이 머리를 빗겨주듯 나의 손길을 거쳐야만 비로소 완성이라고 할 수 있는 것이다. 마지막까지 끈질기게 수정하는 내 모습을 보고는 작업자 중 한 명이 '저 사람은 완벽주의자'라며 고개를 저었다. 약간의 푸념이 섞인 말이었지만 적어도 내 귀에는 칭찬으로 들렸다. 이 또한 "Muito Obrigado(정말 고마워)!"

어느덧 거리에는 비가 추적추적 내리기 시작했다. 이로써 나흘간의 출장 일정도 끝이났다. 완성의 기쁨을 누려볼 새도 없이 기록용 사진만 서둘러 찍은 후 짐가방을 챙겨 공항으로 출발했다. 내일 개관식에는 건물 앞 대로의 교통이 통제되고 공연도 열린다 하니 그야말로 한바탕 잔치가 벌어질 모양이었다. 그 모습을 보지 못하고 떠나야 하는 게 아쉬울 따름이다. 어쩌면 건축가에게 정이나 미련, 그리움 따위는 사치의 감정일지도 모르겠다. 그저 무사히 잘 지어졌으니 그거면 됐다.

예술과 일상은 유리 한 장 사이에

상파울루 미술관Museu de Arte de São Paulo

리나 보 바르디Lina Bo Bardi

불현듯 드니 빌뇌브Denis Villeneuve, 1967~ 감독의 영화 〈컨택트Arrival, 2016〉가 떠올랐다. 어느 날 갑자기 전 세계 상공에 나타난 거대 괴 비행체와 대화하는 영화 말이다. 마치 중력을 거부하기라도 한 듯 도심 상공에 유유히 부유하는 건물은 그런 상상을 불러일으키기에 충분했다. '상파울루 미술관Museu de Arte de São Paulo'의 첫인상은 이처럼 지구인의 것이라고 하기엔 너무나 생경했다.

이탈리아 태생의 브라질 건축가 리나 보 바르디Lina Bo Bardi, 1914~1992의 설계로 지난 1968년 완공된 이 미술관은 명실상부한 상파울루의 상징이다. 처음 이 건물에 대해 알게 된 건 우연한 기회였다. 출장이 결정되기 두 달여 전 참석했던 한 건축가의 강연 슬라이드 중 이 미술관의 흑백사진이 들어 있었다. 그는 자신이 설계한 건물의 필로티piloti◆가 상파울루의 그것과 닮아있다며 낯선 건물을 소개했다. 이내 슬라이드는 다음 장으로 넘겨졌고 지구 반대편 어딘가에 있다는 그 건축에 대한 인상 또한 빠르게 잊혔다.

영화 〈컨택트〉 공식 포스터.

상파울루로의 출장이 결정되던 날 잊고 있던 그 사진이 다시금 떠올랐다. 출장지에 대한 정보가 전무한 상황에서 '그 이상하게 생긴 미술관'은 자연스럽게 내가 아는 가장 중요하고도 유일한 목적지가 되어버렸다. 그런데 이상하게 설렜다. 나와는 정말이지 아무런 상관도 없을 줄 알았던 한 건축과 갑자기 깊은 인연이라도 맺어지는 느낌이 들었달까. 영화 속에서 루이스와 이안이 처음 '셸shell'에 방문해 외계인과 조우하는 순간 나와 꼭 같은 감정이지 않았을까.

혹자는 상파울루 미술관을 브라질은 물론 라틴아메리카 전체를 대

◆ 건물 저층부의 기둥을 제외한 벽을 제거하여 개방적으로 만든 구조.

파울리스타 대로와 상파울루 미술관.

표하는 미술관이라고 했다. 그만큼 오랜 역사와 상징성을 가지는 곳이다. 더욱 멋진 건 이렇게 중요하고 대표적인 미술관이 상파울루의 중심 파울리스타 대로Av. Paulista 한복판에 위치한다는 점이다. 우리나라로 치면 국립현대미술관이 강남역과 신논현역 사이 큰 길가에 있는 것과도 같다. 그야말로 대단한 위치 선정이 아닐 수 없다. 예약한 호텔 또한 파울리스타 대로변에 있어 걸어서 10분 정도면 도착할 만큼 가까운 거리였다. 출장 첫날 아침, 나는 계획했던 대로 곧장 이곳으로 향했다.

육중한 콘크리트 덩어리를 받치는 네 개의 빨간색 '다리'는 과연 멀리까지도 그 존재감을 과시하고 있었다. 점점 빨라지는 심장 박동을 애써 누르며 가까이 다가가자 제일 먼저 광활한 필로티 공간이 눈에 들어왔다. 필로티는 기둥으로 받쳐진 건물 지상부에 생기는 외부 공간을 말한다. 흔히 '빌라'라고 불리는 한국의 저층-밀집 주거 건축 유형에서 주차장으로 쓰이는 공간 또한 필로티다. 하지만 상파울루 미술관의 필로티는 여느 건물과는 확연히 달랐다. 중간에 기둥이 단 한 개도 없기 때문이다.

오로지 양 단부의 네 기둥으로만 받쳐진 필로티의 경간span은 무려 74*m*다. 완공 당시 세계 최고 길이였음은 물론이고 2021년인 지금 다시 보아도 충분히 인상적인 숫자다. 현대건축에서 장경간에 종종 쓰이는 메가 트러스가 아닌 순수 철근콘크리트 구조라는 점도 주목할 만하다. 다만 지어진 지 어느덧 반세기가 넘었다 보니 중앙부에 장기 처짐이 관측된다. 멀쩡히 영업을 하고 있으므로 안전 측면에서 별 문제는 없겠지만 눈썰미가 좋은 사람이라면 알아채기가 그리 어렵지 않다. 나이가 들면 배가 나오듯 자연스러운 세월의 흔적 정도로 이해하면 될까.

내가 찾아간 평일 오전의 필로티는 다소 한산한 모습이었다. 해가 좋은 쪽으로 삼삼오오 모여 휴식을 취하는 젊은이들과 무장한 채 순

'그림의 숲' 상설 전시실 전경.
관객들은 이야기 가득한 그림의 숲으로 초대된다.

찰을 도는 경찰, 그리고 비둘기 한 무리가 전부였다. 하지만 이 공간의 진면목은 주말이 되면 확인할 수 있다. 파울리스타 대로는 매주 일요일이면 교통을 통제하고 거대한 보행자 거리이자 시장, 거리공연의 메카로 변신한다. 마치 우리나라 대학로가 옛날에 그랬듯 말이다. 그때마다 대로 한 중간에 위치한 이 거대한 필로티 공간에는 벼룩시장이 벌어진다고 했다. 비록 출장 기간 중 일요일이 없어 그 모습을 접할 순 없었지만 광장을 가득 메울 활기와 생동감이 눈앞에 그려지는 것만 같았다.

매표소에서 입장표를 사서 입구 계단으로 올라갔다. 마치 만화영화에서 UFO의 바닥 한쪽이 열리고 쑥 내려온 계단을 타고 올라가듯 입장하는 방법 또한 제법 멋지다. 상부 건물은 총 두 개 층으로 되어 있어 그중 상부가 상설 전시 영역, 하부가 사무 지원 영역이다. 카페, 기념품점, 기획전시실, 화장실 등 편의시설은 모두 지하에 마련되어 있다. 사실상 최상부 한 개 층이 이 미술관의 알파이자 오메가다. 당장 그곳부터 둘러보기로 했다.

전시실에 들어서자 눈앞에 펼쳐진 공간감이 나를 압도했다. 필로티 경간과 동일한 장변 74*m*의 긴 직사각형 전체가 벽이나 기둥 따위의 구획이 없는 '통 공간'이다. 요즘이야 이 정도 무주無柱 공간을 만드는 건 일도 아니지만 다시금 이 건물이 1947년 착공, 1968년 완공이라는 사실을 상기했다. 공간뿐 아니라 이를 가득 채우고 있는 작품의 수준 또한 대단했다. 고흐, 피카소, 모딜리아니, 모네, 마네, 벨라스케스 등 대중에게 잘 알려진 시대별 거장의 작품이 수두룩했다.

공간만큼이나 전시 방식 또한 흥미롭다. 육중한 콘크리트 덩어리마다 사람 키보다 높은 유리판이 제각각 엽서처럼 꽂혀 있다. 그림은 이 유리판을 벽 삼아 하나씩 걸려 있다. 멀리서 보면 마치 큰 공간에 그림만 동동 떠 있는 것 같다. 덕분에 전시실 전체는 마치 '그림 나무'로 가득 찬 '그림의 숲' 같아 보인다. 관람객은 '숲속'을 자유롭게 산책하듯 걸어 다닌다. 당연하게도 이 멋진 전시실에는 정해진 관람 동선 또한 없다.

투명한 벽 너머로 보이는 액자 뒷면의 정보.

유일한 규칙이 있다면 모든 그림 앞뒤가 한 방향으로 정돈되어 있다는 점 정도다. 그림이 걸린 쪽 유리판에는 그 어떤 설명이나 글씨도 없다. 대신 모든 설명은 액자 뒷면에 영어와 포르투갈어로 자세히 쓰여 있다. 액자가 걸린 벽이 투명해서 가능한 방법이다. 이렇다 보니 순수하게 그림에만 집중하고 싶은 관람객은 앞면만 보면서 걸어 다니면 된다. 작품마다 상세한 설명이 읽고 싶은 사람은 살포시 뒤로 돌아가면 그만이다. 서로 동선이 겹치지 않고 각자 호흡대로 작품을 즐길 수 있다. 그림과 예술을 사랑하는 사람들에게는 그야말로 꿈만 같은 공간이 아닐 수 없다.

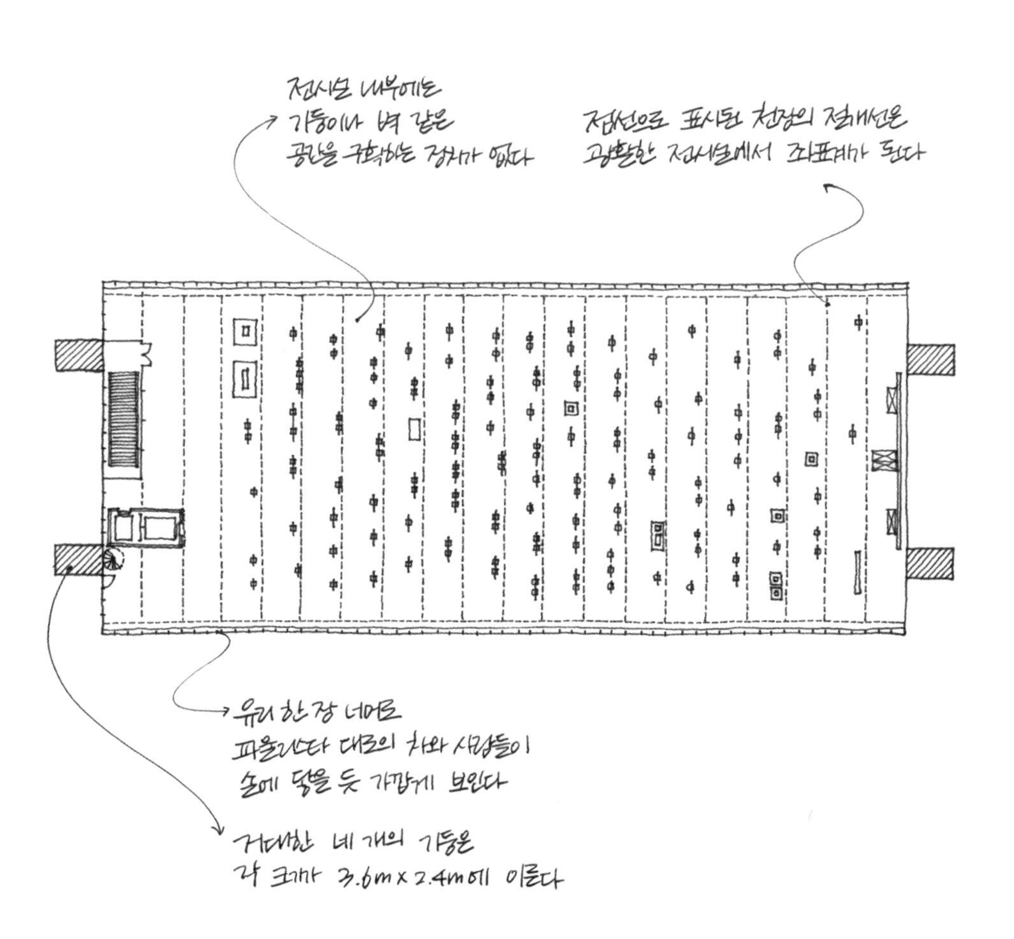

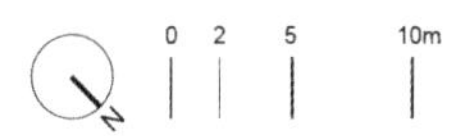

MASP
MUSEU DE ARTE DE
SÃO PAULO

상파울루 미술관 지상 3층 평면도

이곳 전시실에는 특이하게도 자연 채광을 할 수 있는 긴 띠 창이 있다. 이 얇디얇은 유리창을 사이에 두고 한쪽으로는 브라질 최대 도시 상파울루의 도심 풍경이, 반대쪽으로는 역사와 시대를 대표하는 그림의 숲이 펼쳐진다. 무려 반세기도 전에 지어진 건물임에도 당시 브라질 사람들의 일상과 예술의 거리는 고작 1㎝ 남짓한 유리 한 장에 불과했던 것이다. 우리나라 국립현대미술관이 서울 북촌의 골목길로 옮겨온 게 불과 7년 전 일이다.

이곳을 떠나며 끝내 남은 인상 한 가지는 거대한 스팬도, 필로티도, 무주 공간도 아니었다. 다만 유리창 너머로 느껴지는 예술과 일상의 거리와 아주 약간의 부러움 정도일 뿐이었다.

쿠리치바의 택시는 꽃담황토색이다

쿠리치바 답사기 1

BRT와 대중교통 시스템

일주일이 채 안 되는 빡빡한 일정에도 굳이 쿠리치바에 가봐야겠다고 마음먹은 건 순전히 내 의지였다. 언제 또 올 수 있을지 모르는 이 역만리 브라질 땅에서 상파울루에만 머물다 가기엔 너무 아까웠기 때문이다.

업무에 무리가 없는 선에서 어떻게 하루 정도는 시간을 내볼 수 있을 것 같았다. 후보지는 크게 세 곳으로 모두 상파울루에서 비행기로 한두 시간이면 닿을 수 있는 거리다. 대략 예상되는 일정은 다음과 같았다.

1 브라질 최대의 관광 도시 리우데자네이루Rio de Janeiro의 거대 예수상을 배경으로 기념사진을 남긴다.

2 세계 3대 폭포라 불리는 이구아수Iguaçú 폭포를 배경으로 기념사진을 남긴다.

3 전 세계 건축, 도시, 교통, 행정가들의 참조 도시 쿠리치바Curitiba를 답사한다.

관광을 목적으로 왔다면 무조건 1번 아니면 2번이 정답이다. 하지만 난 여기에 우리 회사와 전 직원을 대표하여 와 있다. 내가 보고 느낀 것은 결코 나 혼자만의 것이 아닐 터였다. 이미 답은 정해져 있었다. 침대에 누워 스마트폰을 만지작거리다 다음 날 아침 쿠리치바로 출발하는 항공권을 구입했다.

대다수의 사람들에겐 쿠리치바라는 도시가 다소 생소할지 모른다. 하지만 당장 인터넷에 검색해 보면 '한국 정치인·공무원이 가장 많이 찾는 브라질 도시' 같은 제목의 기사가 수두룩하다. 역대 서울특별시장들 또한 모두 이곳을 다녀갔다. 그뿐만 아니라 교수나 국회의원은 물론이고 공무원들까지 연수로 이 도시를 찾는다. 이상하지 않은가? 직항 편조차 없는 이 먼 곳까지 찾아오는 이유가 대체 무엇이란 말인가.

쿠리치바에 대한 관심과 애정은 비단 우리나라만의 일이 아니다. 쉽게 말해서 지난 반세기 동안 전 세계 대부분의 현대 도시들은 쿠리치바를 벤치마킹했다고 보는 것이 맞겠다. 명실상부한 전 세계의 참조 도시Reference City인 셈이다.

쿠리치바는 파라나Paraná주의 주도이며 2019년 기준 인구는 193만 명이다. 우리나라 대구광역시(245만 명, 2020년 기준)와 대전광역시(152만 명, 2020년 기준)의 딱 중간 정도에 해당하는 규모다. 이 도시를 이해하기 위해서는 전 시장이자 전 주지사, 도시계획가이자 행정가인 제이미 레르네르Jaime Lerner, 1937~를 언급하지 않을 수 없다.

지난 1971년에 제70대 쿠리치바 시장이 된 그는 제73대, 제76대 재임 이후 파라나 주지사까지 역임했다. 묘하게 시간 간격을 두고 공직을 이어나간 덕분에 1970년대부터 2000년대 초반에 이르기까지 사실상 30년간 쿠리치바의 모든 것에 관여했다고 해도 과언이 아니다.

쿠리치바가 국가, 학문, 산업을 막론하고 전 분야에서 다양하게 관심을 받아왔음은 자명하다. 그중에서도 이 도시에 대한 교통공학 엔지니어들의 사랑만큼은 좀 각별하다. 바로 간선급행버스체계, 즉 BRTBus Rapid Transit 때문이다. BRT란 간단히 말해서 '지상에서 버스를 지하철처럼 달리게 하자'는 취지의 대중교통 정책이다. '지하철처럼'이라는 말은 곧 버스 운행에 '정시성'과 '신속성'이 보장된다는 뜻이다. 이를 위해선 중앙버스전용차로의 설치, 승하차 시 시간 지연이 없는 정류장 모델, 노선 간 통합 운영체계 등이 반드시 수반되어야 한다.

이쯤 되면 자연스럽게 떠오르는 게 있지 않은가? 그렇다. 서울을

쿠리치바 중앙버스전용차로 정류장과 간선급행버스.

비롯한 여러 도시에 적용된 대한민국의 간선급행버스체계가 바로 그 것이다. 모두 쿠리치바의 BRT를 벤치마킹했다. 서울의 경우엔 이명박 전 시장 시절에 완성되어 지금까지도 나름 성공적으로 평가받고 있는 정책이다. 그러고 보니 서두에서 그 역시 쿠리치바를 다녀간 적이 있다고 했다. 이제야 퍼즐 조각이 맞춰지는 기분이다.

사실 서울뿐만 아니라 전 세계에 BRT를 도입한 도시는 셀 수 없이 많다. 그리고 그 모든 도시들은 100% 쿠리치바를 벤치마킹한 것임에 틀림없다. 왜냐하면 쿠리치바는 이런 것을 무려 1970년대에 완성했기 때문이다. 참고로 서울시가 버스 정책을 개편한 것이 2004년이다.

서울에서 나고 자란 나에게는 새삼스러울 정도로 익숙한 시스템이지만 우리나라 70년대에 BRT가 도입되었다고 상상해 보면 얼마나 급진적이고도 과감한 정책이었는지를 알 수 있다.

1970년대 쿠라치바의 중앙버스전용차로 전경.
©AVENIDA JOÃO GUALBERTO

쿠리치바 BRT의 성공을 도운 결정적인 요인은 바로 '튜브tube 정류장'과 '중앙버스전용차로'다. 독특한 외관의 이 버스 정류장은 레르네르 시장이 직접 디자인했다고 알려져 있다. 실제로 정류장의 형태는 버스 승하차 시간을 획기적으로 줄여 정시성 확보에 지대한 영향을 끼쳤다. 승객들은 다음과 같은 절차를 거쳐 버스를 이용하게 된다.

1 지하철 개찰구 형태의 입구에서 요금을 지불하고 정류장 내부로 들어간다.

2 비바람과 햇빛을 피하며 편안하게 버스를 기다린다.

3 버스가 도착하면 자동으로 나오는 발판을 통해 빠르고 안전하게 승차한다.

간단한 원리지만 버스 승하차 시 시간 지체를 불러일으킬 만한 아래의 몇 가지 요인을 완벽하게 차단한다.

쿠리치바 버스 정류장 표준 모델 '튜브'.

1 요금을 미리 지불하기 때문에 승차 시 진입이 빠르다.

2 승강장과 버스 높이가 동일하여 교통약자 진출입이 수월하다.

3 버스 정차 위치가 정해져 있어 승객과 버스가 서로를 찾아 헤매는 일이 없다.

2021년 현재 서울의 버스 체계와 비교해보자. 1번의 요금 지불 방식은 우리나라도 이미 RFIDradio frequency identification 기반 교통카드 체계가 도입되어 동일한 효과가 있으며 어떤 면에서는 서울이 더 낫다고 할 수 있다. 하지만 문제는 2번과 3번이다. 이제는 서울도 상당수

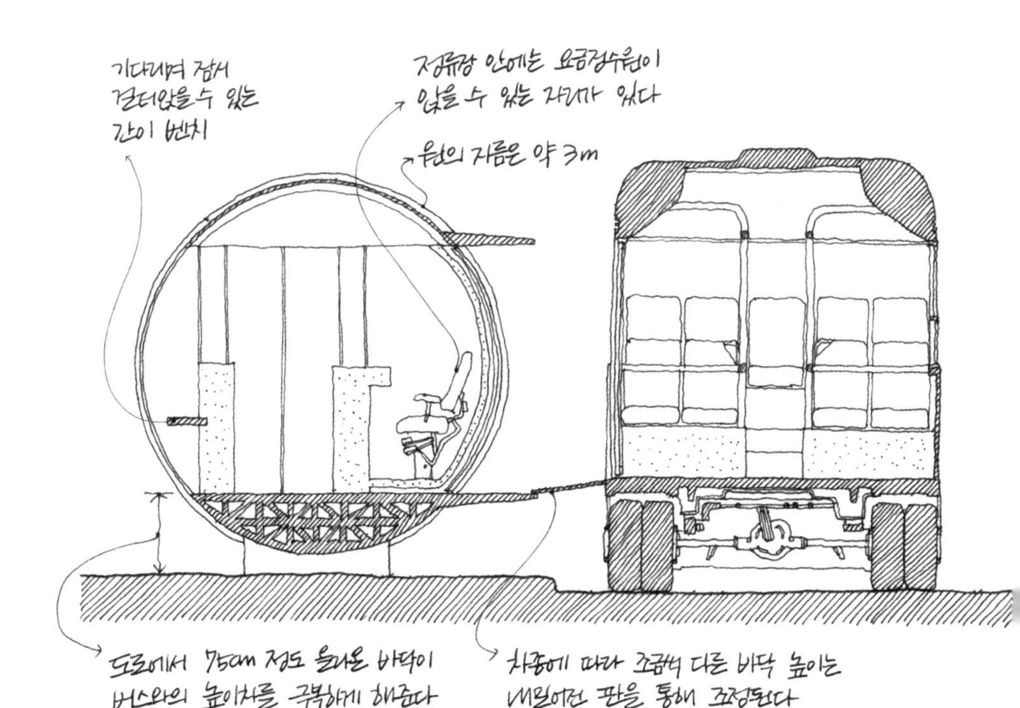

0 0.5 1m

CURITIBA "TUBE"

쿠리치바 버스 정류장 횡단면도

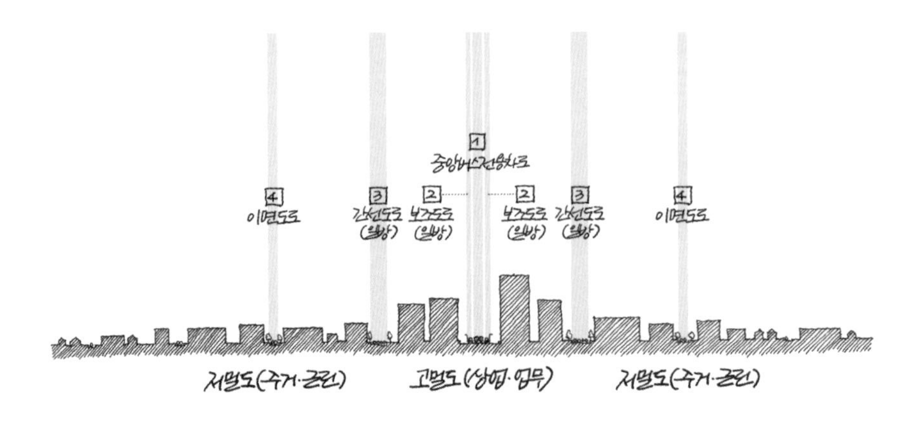

0 50 100 200m

CURITIBA

쿠리치바 도시 단면도

의 차량이 저상버스로 교체되었으나 그럼에도 승강장과 버스 바닥 사이에는 높이차가 존재한다. 참고로 쿠리치바의 튜브 정류장의 입구에는 휠체어용 리프트가 설치되어 있어 교통약자도 승차 전에 승강장 레벨로 쉽게 올라갈 수 있다. 결정적인 차이는 3번인데 아직까지도 서울에서는 내가 타려는 버스를 찾아 달리기를 해야 하는 경우가 다반사다. 물론 인구 규모만으로 5배 이상 차이나는 두 도시이기에 완벽한 비교는 불가능하겠지만 못내 아쉬움이 남는 지점이다.

중앙버스전용차로를 포함하는 '다층형 도로체계' 또한 쿠리치바의 인기 있는 벤치마킹 대상이자 BRT 시스템을 성공시킨 핵심 요소다.

도시의 주요 거점을 연결하는 이 도로 시스템은 아래와 같이 총 4단계의 층위를 가지도록 설계되어 있다.

1단계 중앙차로: BRT 시스템을 위한 중앙버스전용차로

2단계 보조도로: 중앙차로 바로 옆에 붙어 일반차량의 통행을 처리

3단계 간선도로: 한 블록 뒤 편도 4차선의 일방통행으로 대부분의 교통량을 처리

4단계 이면도로: 간선도로 안쪽 블록에서 도시 조직 내부의 세밀한 통행을 처리

쿠리치바도 완벽히 새롭게 계획된 도시가 아니다 보니 4단계 시스템은 주요 도심 핵을 연결하는 식으로 부분 적용되었다. 그럼에도 이 정도의 도로 폭을 도입하기 위해선 기존 도시 조직의 철거와 정비가 불가피했을 게 분명하다. 주민들을 향한 끊임없는 설득과 사회적 합의를 통해 이미 반세기 전에 이러한 급진적인 대중교통 정책을 도입했다는 사실만으로도 충분히 배울 점이 많은 도시다.

다음 목적지로 이동하기 위해 택시를 타려는데 어쩐지 그 모습이 낯이 익다. 이 택시 색깔, 서울의 그것과 닮아도 너무 닮았다. 참고로 서울시는 지난 2015년 '서울색'을 공식 제정하고 모든 회사 택시의 외관 색상을 '꽃담황토색'으로 전격 채택한 바가 있다.

이 주홍빛 색상의 이름이 '서울 꽃담황토색'인지, '쿠리치바 오렌

쿠리치바 거리의 주황색 택시.

지'인지는 그리 중요치 않았다. 다만 분명한 건 지구 반대편에 위치한 이 도시에서 서울의 과거와 현재를 보았다는 사실이다. 어쩌면 미래 또한 엿볼 수 있지 않을까 하는 생각에 기대감은 조금씩 커져만 갔다.

걷고 싶은 거리,
걷기 좋은 도시

쿠리치바 답사기 2

꽃의 거리Rua das Flores

최근 미국 뉴욕의 교통·개발 정책연구소ITDP가 실시한 한 조사에서 '가장 걷기 좋은 도시'로 런던, 파리, 보고타, 홍콩이 선정되었다. 조사 대상은 전 세계 약 1,000여 개의 도시였고 평가 기준은 '차 없는 공지空地 근처에 사는 사람의 비율', '의료 및 교육시설 근처에 사는 사람의 비율', '도시 구획의 평균 크기'였다.

선정된 네 곳 모두 매력적인 도시임엔 틀림없다. 다만 이런 종류의 순위라는 것이 기준에 따라 결과도 천차만별인지라 큰 의미를 두고 보는 편은 아니다. 오히려 흥미로웠던 건 '걷기 좋은 도시'에 대한 조사가 존재한다는 사실 자체였다. 이는 걷기 좋아야 좋은 도시라는 사실에 어느 정도 세계인의 공감대가 있다는 방증이기도 했다.

서울은 비록 순위에 들진 못했어도 분명 걷기 좋은 도시다. 아니 정확히 말해서 '걷기 좋은 조건을 많이 가진 도시'다. 지난 2014년 발표된 '서울 도시 계획 중장기 플랜'에 따르면 서울 구도심엔 총 네 가지 유형의 보행 레벨walking level이 혼재되어 있다. 첫 번째는 지상 레벨ground level로 일반적인 보도와 인도로 된 길을 말한다. 두 번째는 지하 레벨underground level로 지하철역과 지하상가 등을 포함한다. 세 번째는 데크 레벨deck level로 건물과 건물을 연결하는 보행·가로 혹은 육교나 연결 다리 등을 뜻한다. 마지막은 마운틴 레벨mountain level로 서울 성곽길을 따라 조성된 둘레길과 산책로를 의미한다. 서울은 이처럼 서로 조합되며 상호 연결될 수 있는 다양하고 풍부한 보행의 가능성을 가진 도시다.

그렇다면 과연 걷기 좋다는 건 무슨 뜻일까. 여기에는 두 가지 전제 조건이 있다. 첫째는 '연속성'으로 외부 요인에 의해 걷는 것이 중단되지 않아야 한다. 이를테면 횡단보도는 잠시 멈춰야 하므로 이 연속성을 저해하는 요소다. 때문에 현대 도시에 존재하는 수많은 도로는 일단 이 점에서 걷기 좋은 조건에 부합하지 못한다. 둘째는 '안전성'으로 걷는 동안 긴장을 풀고 다른 생각에 잠길 수 있을 만큼 안전이 보장되어야 한다. 충분한 물리적인 폭과 공간이 확보되어야 하며 계단이나 단차가 있거나 노면 상태가 고르지 못해 주의를 기울이게 만들어서는 안 된다. 거리 위에 노점상이나 가판대 등 장애물이 침범

하는 것 또한 안전성을 위해하는 요소다.

이렇게 쓰고 보니 막상 서울에는 걷기 좋은 길이 별로 없다. 그나마 공원이나 아파트 단지처럼 주변으로부터 특별히 구획된 곳이라야 겨우 걸을 만한 정도다. 이쯤 되니 문득 떠오르는 이름이 하나 있다. '걷고 싶은 거리'다. '걷기 좋다'라는 객관적인 사실을 넘어서 '걷고 싶다'는 의지의 표현마저 들어 있는 거리다. 서울은 물론이고 이제는 전국의 거의 모든 도시에 한두 개쯤 있을 법한 '걷고 싶은 거리'는 정말 걷기 좋은 곳일까. 아쉽게도 많은 곳이 그렇지 못하다.

대부분의 걷고 싶은 거리는 자동차의 통행을 완전히 혹은 부분적으로 막거나 인도의 폭을 넓히는 방법으로 조성된다. 하지만 차가 비켜난 자리에는 불법 노점상이나 상점가가 들어서 보행을 방해하는 경우가 다반사다. 서울 홍대의 '걷고 싶은 거리'가 고깃집 좌판들이 점령해버리는 바람에 학생들 사이에서 '굽고 싶은 거리'라고 불렸다는 건 웃지 못할 촌극이다.

쿠리치바가 워낙 교통정책으로 유명하다 보니 혹자는 이 도시를 보행자보단 자동차가 우선인 곳이라 생각할지도 모르겠다. 하지만 중앙버스전용차로를 필두로 하는 쿠리치바의 교통정책의 대부분은 대중교통을 강화하는 데에 초점이 맞춰져 있다. 결국 그 중심에는 보행자가 있다. 우리에게 익숙한 '걷고 싶은 거리' 또는 '차 없는 거리'의 원조 또한 쿠치리바에 있다. 일명 '꽃의 거리Rua das Flores'다.

1970년대는 전 세계적으로 자가용 소유의 보편화와 함께 많은 도

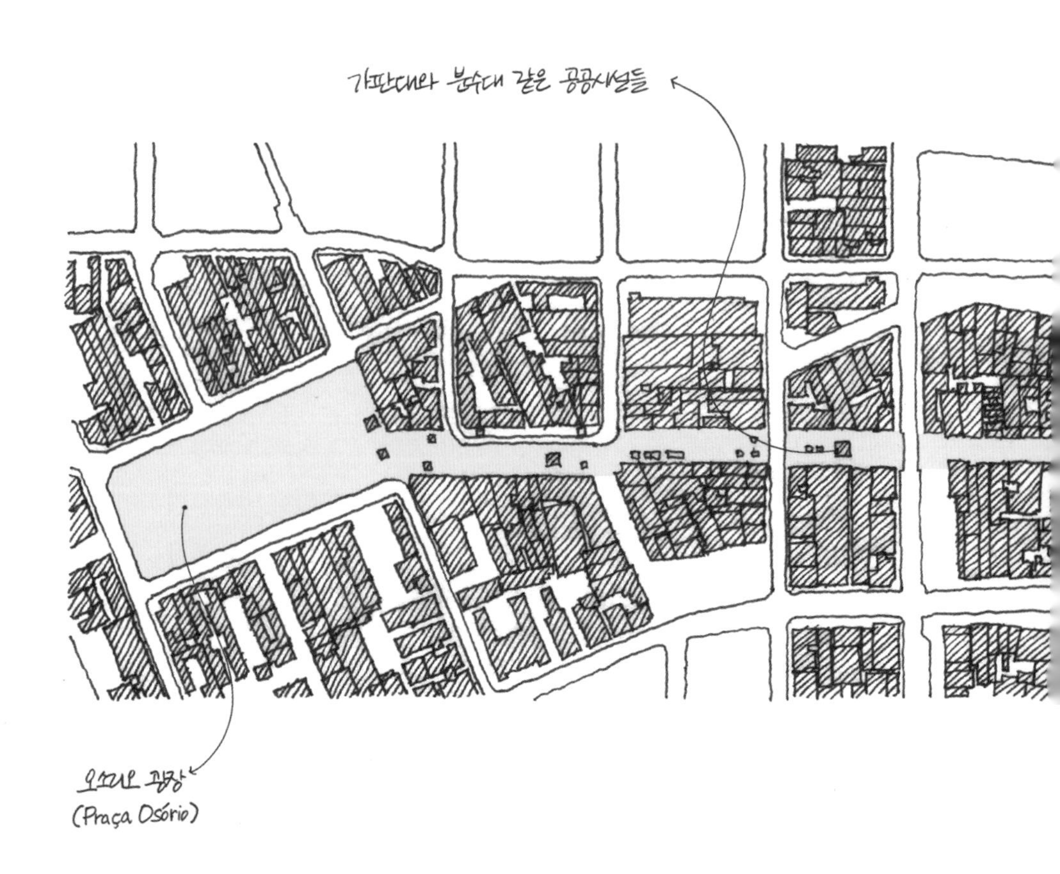

RUA DAS FLORES

꽃의 거리 가로 평면도

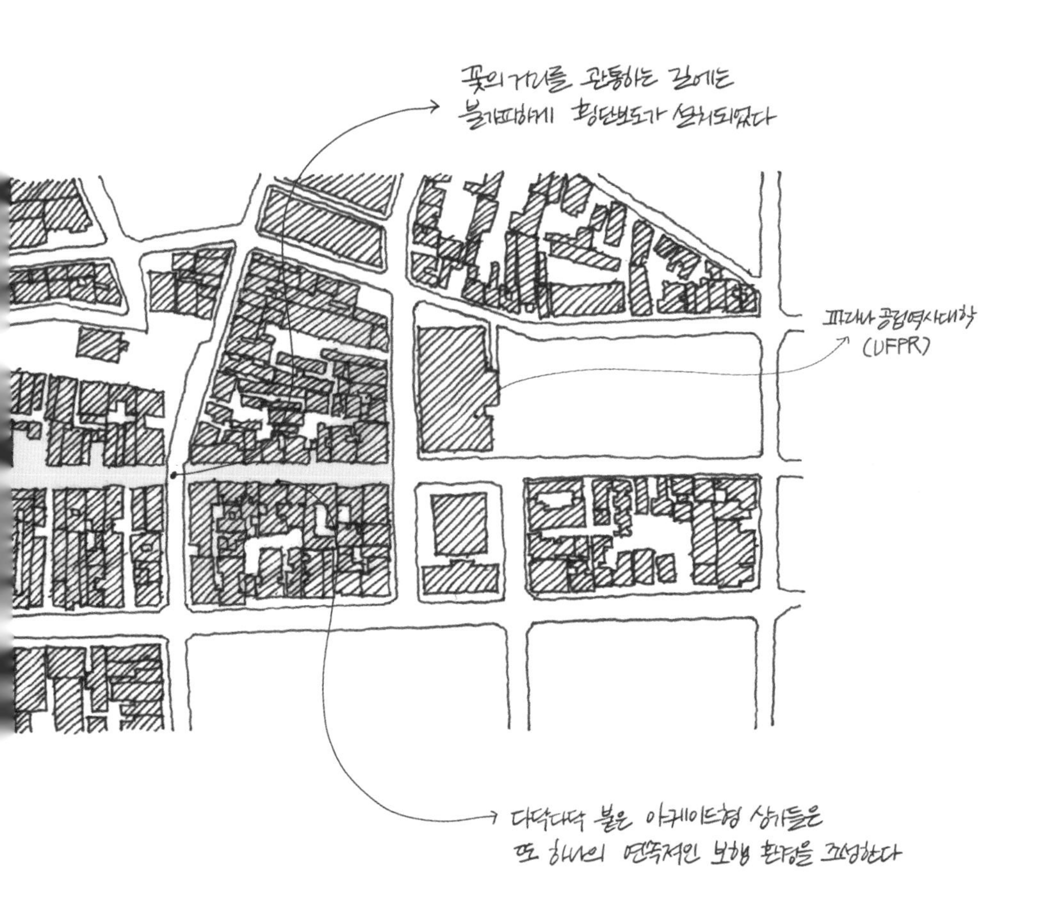
꽃의 거리를 관통하는 길에는
불가피하게 횡단보도가 설치되었다
파라나 공립역사대학
(UFPR)
다닥다닥 붙은 아케이드형 상가들은
또 하나의 연속적인 보행 환경을 조성한다

N
0 25 50 100m

1970년대 꽃의 거리. ©A BELA E MOVIMENTADA

시들이 자동차 중심의 도로 확장과 지하철 공사에 열을 올리던 시절이었다. 서울 강남을 가로지르는 자동차 전용 간선도로인 남부순환로의 개통이 1977년, 서울 지하철 1호선 개통이 1974년이니 우리나라 또한 그 흐름에서 크게 벗어나지 않았던 것 같다. 하지만 1970년 쿠리치바 시장으로 취임한 레르네르는 그와는 정반대로 자동차 도로를 확장하는 대신 버스 위주의 지상 대중교통 체계를 강화하기로 했다. 꽃의 거리의 조성 또한 보행자가 걷기 편한 도시가 좋은 도시라는 그의 소신에서 비롯된 급진적인 사업이었다.

꽃의 거리는 쿠리치바 구도심을 동서로 가로지르는 보행자 전용도로다. 파라나 공립 역사 대학Universidade Federal do Paraná Prédio Histórico 앞에서 시작해 오소리오 광장Praça Osório까지 이어지는 약 2㎞의 구간으로 과거 여느 길과 마찬가지로 자동차가 다니던 곳이다. 1972년 처음 이곳을 차 없는 거리로 선포했을 때만 하더라도 상권이 죽을 것이라는 예측과 함께 상인들의 반대가 심했다고 한다. 하지만 레르네르 시장은 그들을 설득하고 보행 중심 상업 환경의 중요성을 설파했다.

비 내리는 날의 꽃의 거리 풍경.

차량의 통행을 완전히 금지하는 대신 버스 중심의 대중교통 체계를 강화하는 보완책을 마련했다. 덕분에 도시 곳곳에서 꽃의 거리로 접근이 더욱 쉽고 빨라졌다. 상권은 예상과 달리 살아났고 전 세계 차 없는 거리의 원형이 된 이곳은 반세기가 지난 오늘날까지도 시민들의 자랑이자 사랑받는 도시 공간으로서 여전히 잘 작동하고 있다.

비가 추적추적 내리는 궂은 날씨에도 꽃의 거리에는 사람들이 제법 있었다. 모자이크 타일로 예쁘게 장식된 바닥은 평탄하여 걷기에 좋았고 곳곳에 마련된 화단과 벤치들은 잠시 쉬어가기에 적당해 보

꽃의 거리를 면하는 아케이드형 상가.

였다. 날이 좋을 때면 노점상도 들어선다고 하는데 바닥에는 색깔이 다른 돌로 구획되어 있어 영역을 제한하고 있다.

30*m*는 족히 되어 보이는 넓은 길 양옆으로는 아케이드형 상가가 들어서 있다. 넓은 쇼윈도를 통해 훤히 들여다보이는 가게들은 다채로운 보행 풍경을 자아낸다. 그럼에도 아케이드의 폭만큼 보행자와 거리를 두고 있어 부담스럽거나 불편하진 않았다. 물건을 구경하고 싶은 사람은 아케이드를 따라 가까이 걸으면 되고 아니라면 멀찌감치 떨어져 걸으면 그만이다. 선택은 오로지 보행자의 몫이다. 이곳에

서 나는 존중받는 안전한 존재였고 온전히 나의 속도에 의존하며 편안하게 걸을 수 있는 보행자였다.

콧노래를 흥얼거리며 걷던 나의 눈앞에 돌연 횡단보도가 나타났다. 동서 방향으로 총 일곱 개의 블록에 걸쳐 조성된 꽃의 거리에는 남북으로 딱 세 번 차로가 관통해 지나간다. 분명 횡단보도와 신호등은 '연속성' 측면에서 걷는 행위를 무참히 중단시켜버리는 저해 요소다. 하지만 최소한의 교통 흐름을 위해선 타협할 수밖에 없었던 모양이다.

잔뜩 실망한 기색을 감춘 채 신호등 앞에 멈춰 섰다. 그 순간 아주 재미있는 장면을 목격했다. 분명 빨간불이었음에도 나를 제외한 모든 사람이 걷던 속도를 줄이지 않은 채 그대로 길을 건너는 게 아닌가. 게다가 횡단보도 앞의 차들도 약속이나 한 듯이 자연스럽게 속도를 멈췄다. 그제야 내 입가에 옅은 미소가 지어졌다.

분명 꽃의 거리의 주인공은 보행자였다. 어쩔 수 없이 미완으로 남은 걷고 싶은 거리를 완성하는 건 보행자를 우선으로 생각하는 쿠리치바 시민들의 보이지 않는 약속이었다.

쇠 파이프 오페라하우스와 공공건축의 미래

쿠리치바 답사기 3

아라메 극장Ópera de Arame

자주 다니던 동네에 얼마전 새 도서관이 문을 열었다. 평소 거리를 오가며 공사 안내 표지판을 읽는 습관이 있어 전부터 관심 있게 지켜봤던 현장이다. 건축가이기 이전에 한 시민으로서 얼마나 멋진 건축이 세워지게 될까 내심 기대하던 차였다. 하지만 가림막이 걷히고 처음 모습을 드러낸 건물은 다소 실망스러웠다. 겉보기에는 주민센터나 보건소 같은 여느 관공서 건물과 크게 다를 바가 없었기 때문이다.

도서관 건립이 요원했던 지역에 이런 시설이 생겼다는 사실만으로도 만족해야 하는 걸까. 우리는 왜 더 멋지고 좋은 공공건축을 아직도 가질 수 없는 걸까. 소위 '관급공사'라 불리는 공공건축물의 설계를 맡았던 경험이 떠올랐다. 당시 설계 기간도 길었지만 그보다 더 힘들었던 건 공사비에 대한 각 부처의 심의 이후 절감의 과정이었다. 예산에 맞추기 위해 문짝 하나에 들어가는 강판 두께마저 0.1㎜ 단위로 줄여가며 영혼까지 끌어모아 처절한 사투를 벌였던 기억이 생생했다.

그뿐만 아니라 관급공사에는 중소기업을 지원하는 취지에서 창호나 엘리베이터 등 몇몇 품목은 소위 '관급 업체'라고 불리는 지정된 제품만을 적용할 수 있다. 건축가 입장에서는 전체적인 공간의 분위기와 조화를 생각해 설계를 하더라도 엉뚱한 제품으로 바뀌거나 아예 적용을 못하는 경우가 생겨 답답한 순간이 많았다. 아마 그 도서관을 설계한 건축가 또한 나와 같은 난관을 셀 수 없이 지나왔을 게 분명했다. 완성된 결과물만을 놓고 마음껏 비판조차 할 수 없는 안타까운 현실이다.

결국 모든 건 다 돈 때문이다. 소중한 세금을 들여 만드는 것이니 한 푼도 허투루 쓰지 않겠다는 제도의 취지에는 전적으로 동의한다. 하지만 공공건축의 결정적인 허점 또한 같은 이유에서 발생한다. 여러 보완책이 논의되고 있긴 해도 아직 우리나라에서 공공건축물은 가장 낮은 금액을 써낸 사람에게 공사를 맡긴다. 얼핏 들으면 그게 무슨 문제인가 싶겠지만 건축은 공산품과 달라 같은 도면을 놓고도 지어지는 결과물이 천차만별일 수 있다. 결국 예산의 절감과 낭비를 방지하는 것만이 최대의 목표고 그 결과로 만들어지는 건축의 품질이나 공간의 효용 가치에 대해서는 아무도 보장하지 못하는 상황이 되어버리는 것이다.

이러한 세태의 결과는 고스란히 우리 주변의 도시 풍경이 되어 피부에 와닿기 마련이다. 새로 지어진 어린이집이 이상하게 주민센터랑 비슷해 보이고, 마을 공동체 사무소가 어쩐지 바로 옆 경찰서랑 닮아있다면 다 그런 이유 때문인 것이다.

정녕 공공건축물도 아름답거나 멋질 수는 없는 걸까. 주민센터 건물에서는 등본만 잘 떼면 그만이고 도서관에선 책만 잘 빌릴 수 있으면 모두가 행복한 것일까. 빠르게 높아지는 우리 사회의 수준과 날로 다양해지는 시민들의 욕구에 비해 단순히 기능만을 충족하기 위해 지어지는 '최저가'의 공공건축은 시대에 뒤떨어진 발상일 수밖에 없다. 이제는 우리도 아름다운 경찰서, 멋진 소방서, 괜찮은 도서관을 보며 매일을 살아가고 싶다. 예산을 낭비하지 않으면서 건축적으로 아름답고 시민들이 자주 찾아 마지않는 그런 공공건축을 꼭 한번 만나보고 싶었다.

'아라메 극장Ópera de Arame'은 쿠리치바시 동북쪽 외곽에 위치하고 있는 공연장이다. 매표소 앞에서 택시를 내려 주변을 둘러보니 막상 이런 곳에 정말 공연장이 있을까 싶을 정도로 산림이 울창하고 한적한 곳이다. 사실 이곳은 채석장이었다. 채산성이 떨어져 오랫동안 버려진 채 방치되다가 지난 1992년에 시민들을 위한 공연장으로 탈바

호수 위 다리에서 본 아라메 극장 입구.

꿈했다.

채석장은 대개 사방으로 깎아지는 듯한 절벽 가운데를 움푹 파고 들어간 형상이다. 이러한 지형적 특징을 그대로 살려 공연장을 지었다. 구덩이의 바닥에는 물을 채워 인공 호수를 만들고 주변으로 병풍처럼 둘러싼 절벽은 잘 정리해서 배경으로 삼았다. 그 분위기가 어찌나 독특하던지 호수를 가로지르는 다리를 건너고 있자면 마치 멋진 지질공원에라도 온 듯한 착각이 들 정도였다.

포르투갈어로 아라메arame는 줄wire이란 뜻이다. '줄로 만든 공연장'

다리 아래 구조와 쇠 파이프의 향연.

이라는 독특한 이름이 붙은 데에는 사연이 있다. 멀리서 보면 가느다란 실처럼 보이는 이 건축의 주재료는 강관steel pipe이다. 소위 '쇠 파이프'라고도 불리는 지름 48.6㎜의 강관은 공사 현장에서 비계를 만들 때 주로 사용하는 값싼 가설재다. 보통의 건축가라면 아무도 눈여겨보지 않는 이 평범한 재료를 가지고 바닥, 벽, 기둥, 천장에 이르는 건축의 모든 요소를 만들어냈다. 때로는 직선으로, 또 때로는 곡선으로, 어딘가에선 홀로, 또 어딘가에선 군집으로. 사뭇 조형적이기까지 한 '줄'의 향연은 원래 이 재료가 어디에 쓰이는 것인지조차 잊게 할

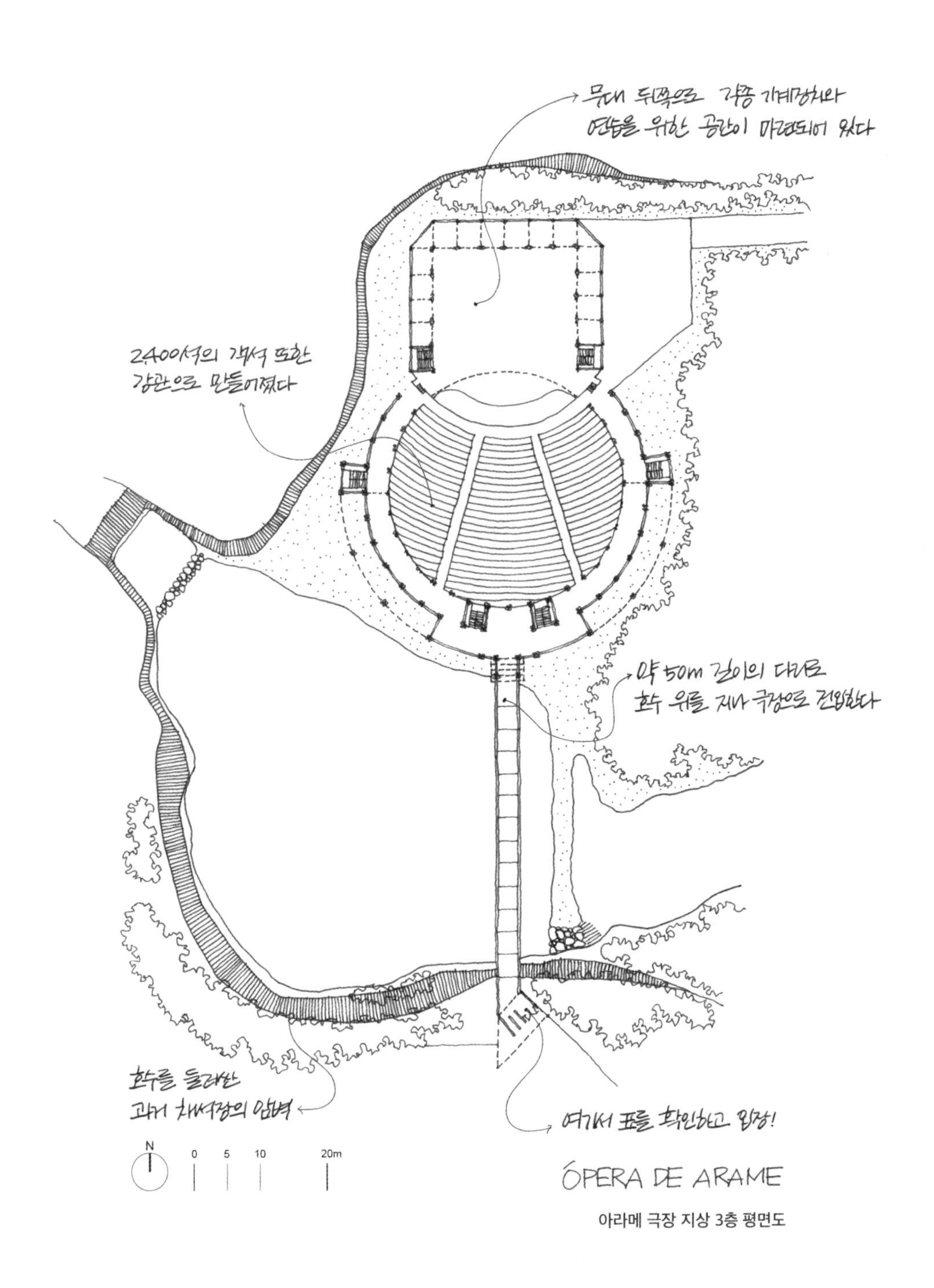

아라메 극장 지상 3층 평면도

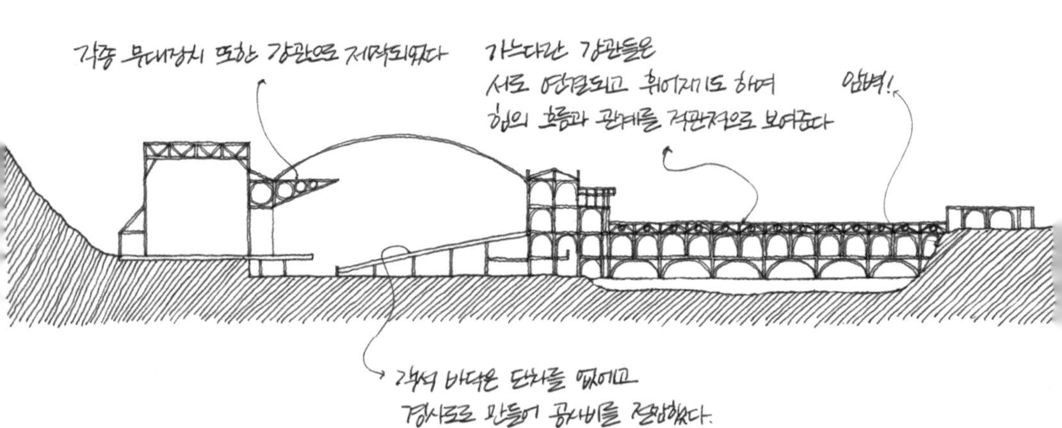

ÓPERA DE ARAME

0 5 10 20m

아라메 극장 대지 종단면도

정도로 탁월했다. 가격이 저렴한 덕분에 공사비마저 획기적으로 줄여 세금을 아낀 것은 당연한 결과였다.

무려 2,400석 규모의 정식 공연장을 짓는 데 걸린 시간은 단 2개월이다. 그야말로 말도 안 되게 빠른 속도였다. 공연장이라는 기능에 충실할 수 있도록 평면 형태를 원형으로 단순화하고 불필요한 공간이나 부수적인 요소를 모두 걷어냈다. 앞서 언급한 강관이라는 단일 재료를 사용한 것도 공기 단축에 큰 도움이 됐다. 강관은 현장에서 구부리거나 자르기 용이하고 용접만으로도 쉽게 이어 붙일 수 있기 때문이다.

심지어 연결 다리나 계단실 같은 공용부에는 바닥재로 스틸 그레이팅steel grating을 적용했는데 쉬운 말로 하면 소위 '하수구 뚜껑'이다. 강관과 같은 소재이기에 용접하여 붙이기 용이한 데다 빗물은 알아서 아래로 떨어지고 먼지는 쌓일 곳이 없으니 유지·관리면에서도 탁월한 선택이었다. 철망으로 만든 객석 의자나 커튼을 집어넣어 정리할 수 있도록 디자인한 기둥까지 어디 하나 건축가의 재치가 녹아있지 않은 곳이 없었다.

공공건축은 태생적 한계로 인해 초기 사업 구상 단계부터 수많은 난관을 맞닥뜨리게 된다. 이를테면 사업성 검토, 예산 심사, 높으신 분들의 의사 결정, 시민사회와의 갈등, 지난한 행정절차 따위의 일 말이다. 그러다 보니 돈과 시간이 낭비됨은 물론이고 다 지어질 즈음

파노라마로 담은 공연장의 무대와 객석.

에 가서는 본래 사업 취지나 설계 의도가 퇴색되는 경우도 허다하다. 레르네르 시장은 아라메 극장을 건립하는 과정에서 이러한 리스크를 처음부터 시장 재량으로 배제시켰다. 이는 지난 30년간 쿠리치바를 만들어온 지도자에 대한 시민들의 전적인 신뢰가 있었기에 가능한 일이었다.

그 믿음의 결과는 시민들에게 온전히 되돌려졌다. 싸고 빠르게 지었음에도 결과물에는 품위가 있었다. 과연 그 이름처럼 강관이 만들어내는 선형적인 아름다움으로 가득한 공연장 내부의 풍경은 내가 경험한 그 어떤 오페라 극장보다 더 아름답고 웅장했다.

그날은 아쉽게도 공연이 없는 날이었다. 마침 한 록밴드가 다음 공연을 위한 리허설이 한창이길래 객석에 앉아 잠시 공짜 공연을 감상했다. 투명한 공연장 벽 너머로 보이는 멋진 암벽과 울창한 녹음이 어우러져 그야말로 환상적인 분위기를 자아내고 있었다. 연주자의 손끝을 떠난 날카로운 일렉기타의 선율은 채석장 암벽을 반사판 삼아 은은한 잔향이 되어 돌아왔다.

저마다 커피나 맥주를 들고 테라스에 앉아 음악과 사람, 음식을 즐기고 있는 시민들에 표정에서 이 건축에 대한 무한한 애정과 만족도를 고스란히 느낄 수 있었다. 괜스레 부러운 마음에 나도 맥주를 한 잔 시켰다. 이내 연주가 끝나고 호수 위에는 사람들의 환호와 박수갈채만이 가득했다.

건축, 건축가, 건축하는 사람

■ 오스카르 니에메예르 박물관Museu Oscar Niemeyer
● 오스카르 니에메예르Oscar Niemeyer

딱 하루만 더 있었으면 좋겠는걸. 쿠리치바에서 다시 상파울루로 돌아오는 비행기 안에서 문득 그런 생각이 들었다. 중국에 이어 세계에서 다섯 번째로 큰 나라 브라질의 면적은 약 8,500,000㎢로 대한민국의 약 85배에 달한다. 애초에 짧은 일정만으로는 빙산의 일각도 채 보지 못할 게 당연했다. 그럼에도 못내 미련이 남는 건 다름 아닌 '브라질리아'에 가보고 싶었기 때문이다.

브라질리아Brasília는 브라질의 행정수도다. 미국으로 치면 워싱턴 D.C, 한국으로 치면 세종시와 같은 곳으로 지난 1960년 허허벌판 위에 완전히 새롭게 계획된 신도시다. 르코르뷔지에가 주창했던 20세

수반을 건너 박물관 입구로 향하는 다리.

기 도시계획의 원칙은 대부분의 도시에서 실현되지 못했다. 그럼에도 지구상에는 딱 두 곳, 그 원칙에 철저히 입각해 만들어진 도시가 있다. 한 곳은 인도의 찬디가르Chandigarh로 그가 직접 설계했고, 다른 한 곳이 바로 브라질리아다. 이 도시의 설계자는 브라질 현대건축의 아버지로 추앙받는 건축가 오스카르 니에메예르Oscar Niemeyer, 1907~2012다. 행정가도 아닌 내가 일국의 행정수도에 가보고 싶었던 건 순전히 그의 작업을 보고 싶어서였다.

쿠리치바에는 '오스카르 니에메예르 박물관Museu Oscar Niemeyer'이라는 곳이 있다. 신기하게도 건물에 설계한 건축가 이름이 붙어 있다. 끝내 갈 수 없었던 브라질리아를 대신해 그곳을 찾았다. 수면 위로 우뚝 솟아오른 사람 눈 모양의 건물과 그 옆으로 연결되는 유선형의 구름다리가 제법 인상적인 건축이다. 인체에서 얻은 모티프와 자유로운 곡선의 사용은 그의 건축에 늘 등장하는 메타포다. "건축은 미술과도 같다"고 했던 그는 어려서부터 그림에 관심이 많고 직선을 싫어했던 걸로 유명하다. 곡선 하면 떠오르는 건축가 자하 하디드 또한 생전에 한 인터뷰에서 "자연스러운 선의 형태로 나타나는 니에메예르의 건축을 존경하며 그가 추구했던 흐르는 형태를 계속 더 실험하는 작업에 관심이 많다"며 팬심을 밝히기도 했다.

수반 너머로 넓고 평탄하게 들어선 백색의 입방체가 박물관의 본관이다. 지난 1967년 오스카르 니에메예르의 설계로 지어진 학교 건물을 새롭게 고친 것이다. 공식적으로 이름을 바꾸고 박물관으로 개장한 건 2002년 별동을 증축하면서부터다. 그가 95세가 되던 해였다.

박물관 내부는 그 이름과 달리 일반적인 회화나 조각 등의 기획에 전시가 열리는 평범한 전시실이 대부분이다. 다만 본관의 필로티 하부 중앙홀에는 건축가 오스카르 니에메예르 한 사람만을 위한 특별 전시실이 마련되어 있다. 약 100평 정도의 공간에는 그의 일생을 담은 연표부터 도면, 스케치, 책 등 다양한 전시물이 가득하다. 가장 인기가 좋은 건 단연 동그란 천창 아래 놓인 스무 개 남짓한 축소 모형이다. 주로 백색과 강렬한 원색을 함께 사용하여 채색된 모형에서 느껴지는 그의 작업은 대부분 기능보다는 조형성이나 상징성에 방점이 찍혀 있었다.

흥미로웠던 건 각 건축이 들어선 대지site가 하나같이 너무도 극적인 곳 일색이라는 점이다. 바다 위, 절벽 끝, 멋들어진 해변가, 완벽하게 정리된 계획도시 한복판 등. 범인凡人에게는 함부로 설계할 기회조차 주어지지 않을 법한 대단한 위치 선정이 아닐 수 없다. 미술 작품은 본래 형식과 내용으로만 감상하기보단 작가의 생애와 경험을 이해해야 비로소 바로 보이는 법이다. 나의 시선은 자연스럽게 전시장 한쪽 벽을 가득 메운 연표로 향했다.

오스카르 니에메예르는 평생 열렬한 공산주의자였다. 브라질 국립미술학교UFRJ에 입학도 하기 전 청년 공산당에 먼저 가입했을 정도다. 이후 브라질 근대건축 운동의 창시자인 루쵸 코스타Lucio Costa 문하에서 건축가로서 커리어를 시작했다. 일찍부터 건축에 재능을 보였음에도 청년 시절 공산당 활동 전력은 그의 발목을 계속 잡았다. 이를테면 1946년 미국 예일대 교수로 초빙받고도 비자를 받지 못해 고사하는 일까지 있었다.

정력적으로 활동하던 그의 젊은 시절, 브라질은 정권의 독재가 한창이었다. 이 시기 오스카르 니에메예르는 독재 정권에 행정수도 브라질리아, 국회의사당 등 정권과 직간접적으로 관련된 많은 작품을 남겼다. 그뿐만 아니라 르코르뷔지에와 함께 미국 맨해튼 한복판에 UN 본부를 설계하기도 했다. 결국 독보적인 내용과 위치를 가진 그의 건

특별 전시실의 건축가 오스카 니에메예르 소개와 연표.

축은 정권과 가까운 단 한 사람의 건축가였기에 가능한 일이었다.

건축가는 결코 정치가나 자선 사업가가 아니다. 그럼에도 건축가의 일은 자본과 권력에 필연적으로 가까울 수밖에 없다. 공산당원이었던 오스카르가 지배계급과 독재자를 위해 일하며 어떤 생각을 했을지 못내 의문이 남는다. 아마도 그는 건축을 통해서 세상을 바꾸고 싶었던 게 아닐까. 유토피아를 꿈꾸던 이상 도시 브라질리아 또한 그런 생각에서 비롯된 계획안이었다. 하지만 건축을 통해 세상을 바꿀 수 있다는 그의 믿음은 1964년 친미반공 성향의 카스텔로 브랑코의 쿠데타와 함께 산산이 무너지고 만다. 결국 크게 낙담한 그는 1965년 프랑스로 망명하기에 이른다.

'니에메예르의 눈Museu do Olho'이라 불리는 박물관의 별동은 전체가

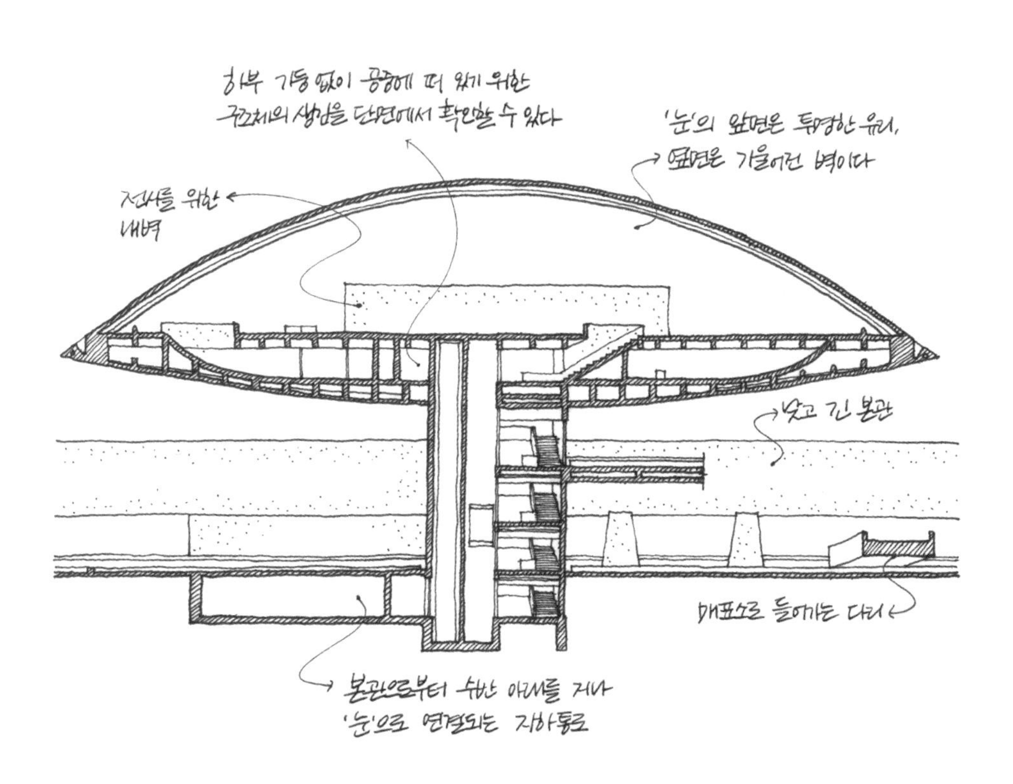

'니에메예르의 눈' 횡단면도

하나의 실室로 되어 있는 특별 전시 공간이다. '눈꺼풀'에 해당하는 측벽과 천장은 콘크리트 구조체고 '망막'에 해당하는 앞뒤 면은 짙은 코팅이 된 유리 커튼월이다. 묘한 각도로 기울어진 곡선이 만드는 하나의 전시 공간은 '콘크리트의 피카소'라 불리는 그의 건축을 대변하기에 부족함이 없었다. 하지만 이곳에는 특별한 공간보다 나의 이목을 더 잡아끄는 전시물이 하나 있다. 그건 다름 아닌 계단실 한쪽 벽에 걸려 있는 사진이었다.

건설에 참여한 사람들을 담은 사진 작품.
단순히 노동의 현장을 기록한 것을 넘어 하나의 예술 작품으로 받아들여지기에도 손색이 없는 모습이다.

그곳에는 처음 땅을 파기 시작할 때부터 완공식까지 이 건축이 지어지는 과정을 상세하게 찍어둔 기록사진이 전시되어 있었다. 특히나 마음에 들었던 건 건설에 참여한 노동자 한 사람 한 사람을 마치 모델처럼 멋지게 촬영한 포트레이트portrait 시리즈였다. 사진 퀄리티도 좋고 구성도 나쁘지 않아 예술 작품이라고 해도 손색이 없을 정도였다.

요즘은 우리나라에서도 건축에 참여한 사람들의 이름을 남기거나 기록사진을 전시하는 경우가 종종 있다. 하지만 이 정도로 세세하게 사람에 주목하는 경우는 처음 보았다. 적어도 이 나라에서 건축하는 사람들은 사회적으로 이 정도 존경심을 받는구나 싶었다. 나에게는 이 역시 한 사람의 거장 건축가에 대한 브라질 사회와 쿠리치바 시민들의 존경심과 경외감이 만들어낸 장면으로 보였다.

브라질은 1985년 마침내 민주화를 맞이했다. 그해 고국으로 돌아온 오스카르는 1988년 프리츠커 건축상을 수상하고 이후 2012년 104세의 나이로 영면하기까지 천수를 누렸다. 세상을 바꾸고 싶었던 건축가. 하지만 건축은 아무것도 바꿀 수 없다며 좌절했던 건축가. 그의 이름이 붙은 건축에는 이제 건축하는 사람들의 사진이 한 장씩 걸려 있다. 세상은 조금씩 바뀌고 있다.

다시 한국을 생각하다

문화원은 대한민국의 영토 밖에서만 접할 수 있는 독특한 형태의 공공시설이다. 일반적으로 해외 주요 도시에 설립되어 문화·예술 행사 및 교류, 한국어 또는 한국 문화의 강습 등 민간 차원에서의 문화·예술 교류의 장으로 활용되곤 한다. 대사관이나 영사관이 주로 행정과 외교를 담당하는 것과는 조금 차이가 있다. 2021년 현재 전 세계 27개국에는 총 32개의 한국문화원이 운영 중이다.

물론 꼭 외국에 나가지 않더라도 문화원을 접해볼 방법이 있다. 수많은 나라들이 서울을 비롯한 한국 내 주요 도시에 같은 방식으로 문화원을 설립해 자국 문화를 알리고 있기 때문이다. 예를 들어 운현궁 옆에 위치한 주한 일본문화원의 경우 일본으로 여행을 준비하는 사람들에게 안내 책자와 쿠폰을 아낌없이 보내주는 것으로 유명하다. 혹은 스페인어 자격시험을 주관하는 세르반테스 문화원처럼 어학의 보급과 교육을 주된 목적으로 하는 경우도 있다. 이처럼 문화원이라는 독특한 공공시설은 한국의 문화를 외국으로 또는 외국의 문화를 한국으로 상호 교류하는 장소로서 중요한 의미를 가진다.

브라질의 수도 상파울루에도 대한민국과 일본을 비롯한 세계 여러 나라의 문화원이 자리하고 있다. 주브라질 한국 문화원은 지난 2013년 이곳에 처음 문을 열었다. 시내 중심부 근처 이면도로변에 있던 이곳은 지난 2019년 8월 말 파울리스타 대로변의 신식 건물로 확장 이전하기로 되어 있었다. 나흘간 공들여 완성한 대나무 건축물은 새 문화원의 개관식에서 처음 선보일 예정이었다.

반면 일본 문화원은 일찌감치 파울리스타 대로 중심의 위치에 자리 잡고 있었다. 현지인에게 들은 바로는 브라질 사람이나 일본 사람 외에도 외국 관광객에게까지 제법 인기가 좋다고 했다.
물론 브라질 내 일본인 거주자 수가 150만 명에 이르는 데에 비하면 한국인은 2019년 기준, 채 5만 명이 안 된다. 분명 규모의 차이가 있기는 해도 문화의 힘이라는 게 꼭 숫자를 따르는 것만은 아닐 터였다.
현지인은 물론이고 한국 문화원 직원들마저도 하나같이 일본 문화원을 가보라고 귀띔했다. 출장으로 상파울루를 찾았던 게 2019년 7월 말이었으니 한일 관계의 악화와 함께 일본 제품 불매운동에 서서히 발동이 걸리던 시점으로 기억된다. 왠지 모르게 방문이 망설여지면서도 한편으로는 호기심이 발동했다.
일정이 마무리되는 출장의 마지막 날, 파울리스타 대로를 따라 걸어서 5분 거리의 일본 문화원을 찾았다.
입구에는 일종의 애칭인 'JAPAN HOUSE'라 쓰인 간판이 붙어 있었다. 고층 빌딩의 저층부 일부만을 임대하여 사용하는 것은 한국 문화원과 동일했다. 그럼에도 별도의 진입 동선을 비롯하여 마사토와 대나무로 장식한 앞마당, 목재로 꾸민 파사드까지 나름 특별하게 설계하여 마치 단독 건물처럼 보였다.
사실 목구조의 결구結構를 보여주는 메타포는 일본이 오래전

파울리스타 대로에서 본 일본 문화원.

부터 국제 무대에서 즐겨 사용해오던 방식이다. 한·중·일 전통 건축이 모두 목조를 기반으로 하고 있음에도 일본 특유의 세장하고 매끈한 비례와 날렵한 결구는 이미 세계 사람들에게 '일본의 것'으로 인식되어 있는 것 같다. 특히나 현대적인 재료의 고층 빌딩이 즐비한 상파울루 한복판에서 기하학적인 목재로 덮인 일본 문화원의 외관은 강렬한 인상을 준다.

내부 공간 구성은 생각보다 단순했는데 1층에는 전시실과 기념품 판매점, 2층에는 강의실과 사무 공간, 3층에는 일식당이

바깥에서 본 일본 문화원의 입구.
가벼운 목재, 유리, 금속 등이 어우러져 세련된 이미지를 풍긴다.

있다. 당시 전시는 대나무를 이용한 예술 작품을 선보이고 있었는데 마침 내가 설치하는 작업도 대나무가 주재료인지라 묘하게 신경이 쓰였다.

눈길을 끈 건 다름 아닌 기념품이었다. 기념품점에는 연필이나 시계 같은 평범한 제품부터 사케나 장아찌, 찹쌀떡 같은 전통 식품류와 함께 일본 건축과 미술에 대한 전문 서적까지 다양하게 구비되어 있었다.

재개관하는 한국 문화원은 일본 문화원에서 불과 두 블록 떨어진 파울리스타 대로변의 고층 빌딩으로 옮겨왔다. 외벽의 노출콘크리트 구조체가 인상적인 18층 규모의 건물은 지하철역 출구 바로 앞에 위치해 접근성 또한 훌륭했다.

1층에는 전시장과 리셉션을 두고 2층에는 강의실과 사무 공간을 배치하여 새롭게 설계된 한국 문화원은 별도의 출입구를 통해 들어올 수 있어 편의성 또한 좋아졌다. 잘 가꿔진 입구 마당의 잔디밭에는 한국 작가의 조각 작품이 곧 세워질 예정이라고 했다. 이번 기회를 통해 더 좋은 환경에서 한국 문화를 알리고자 하는 강한 의지를 느낄 수 있었다.

인테리어나 구성에서도 차별화하고자 신경을 많이 쓴 게 느껴졌다. 예를 들면 층고가 높은 1층 전시장 공간을 지배하는 둔탁한 목재가 그것이다. 일본 문화원의 외벽이 일본식 경량 목구조의 가벼움과 섬세함을 모티프로 했다면 한국 문화원의 인테리어는 한옥의 대들보를 연상시키는 중목 구조에 가까웠다.

아마 개관과 동시에 필연적으로 일본 문화원과 비교될 수밖에 없는 운명의 부담스러운 프로젝트였을 것이다. 그럼에도 나무라는 동일한 재료를 과감하게 선택하고, 나름의 방식으로 한국 문화원만의 차이를 만들어내고자 의도한 인테리어 디자이너에게 진심으로 박수를 보내고 싶다. 다만 아쉬운 점이 있었다면 일본 문화원에서 인기 있는 '기념품점'과 '일식당'처럼 시

새롭게 단장한 한국 문화원의 1층 전시실.
벽과 천장을 아우르는 거대한 목구조 인테리어가 공간을 압도한다.

간이나 방법에 구애받지 않고 문화를 쉽게 구매하고 체험할 수 있는 공간이 부족했다는 점이다.

개관 전 개막을 하루 앞두고 비어 있던 문화원 공간에 물건들이 속속 들어오기 시작했다. '한복'을 입고 '장구'를 치는 인형, 액자에 고이 담겨 있는 '한식 부채', 제조사명이 큼직하게 새겨진 '세계 최초 투명 OLED TV'까지. 분명 우리나라를 대표하는 문화이고 자랑스러운 기술임에도 힘이 들어간 한국의 물건으로 실내가 채워지는 모습에 약간의 아쉬움도 남았다.

문화원이라는 공간이 꼭 그 나라의 모든 것을 있는 대로 다 보여줄 필요는 없다. 문화는 그 끝을 헤아릴 수 있는 한정적 대상이 아니기 때문이다. 계단실 벽에 걸린 하회탈을 하나쯤 떼어낸다고 해서 한국 문화가 결코 빈약해지는 것이 아님을 잊지 않았으면 좋겠다.

프랑스

역사와 사연이 깃든 공간과 장소

건축가의 특별한 휴가

건축가의 밤을 부르는 이름은 참 다양하다. 학창 시절엔 밤샘이었고 사회인이 되어선 철야라 칭했으며 요즘 학생들은 야작(야간작업)이란 말을 더 즐겨 쓰는 것 같다. 세 시간을 자면 조금 피곤하고 네 시간을 자면 푹잤다 하던 사회 초년병 시절, 주위 사람들은 모두 궁금해했다. 왜 건축가는 항상 밤을 새워야만 하느냐고. 미리 해놓고 쉴 수는 없는 거냐고.

지금껏 건축하며 내가 얻은 답은 이렇다. 건축가의 작업은 결코 0에서 100까지 진도를 채워나가는 식으로 진행되지 않는다. 다만 마지막 순간까지도 이게 최선인지를 고민하다가 펜을 내려놓고 멈출 뿐이다. 그림을 그리거나 글을 쓰는 일도 마찬가지다. 그래서 모든 창작하는 직업을 가진 사람들은 늘 자신을 벼랑 끝으로 내몰고야 마는 것이다.

그러다 보니 건축가의 일에는 멈춤과 끝이 없다. 대학 시절의

은사님께선 이를 머릿속에 전구를 켜는 일로 비유하셨다. 작업에 몰두할 때야 당연히 환하게 켜지겠지만 일을 마친 후에도 그 불을 꺼서는 안 된다고 했다. 그래야 길을 걷다가도 밥을 먹다가도 불이 번쩍 하고 다시 들어올 수 있으니까. 불이 완전히 꺼지는 건 시간이 다 되어 비로소 더 이상 작업할 수 없게 되는 순간뿐이라고 했다. 레오나르도 다빈치도 어느 날 갑자기 60년 전에 그린 그림을 다시 꺼내어 고쳤다고 했다. 아마 그의 머릿속 전구도 오래도록 희미하게 켜져 있었던 모양이다.

쉬지 않고 달리던 나의 삶에 전환점이 된 건 가족이었다. 결혼을 하고 나니 자연스럽게 건축가가 아닌 남편으로서의 시간이 공존해야만 했다. 그러기 위해선 내가 원하는 순간에 전구를 끄는 방법을 터득할 필요가 있었다. 몰두하던 생각들로부터 자유로워지는 방법은 시간과 공간을 달리하는 것이다. 일상과는 조금 다른 속도의 시간을 보낸다든지 익숙한 장소가 아닌 곳을 찾아가는 등의 요령을 알게 되었다. 그리고 이 두 가지를 동시에 할 수 있는 유일한 방법이 바로 여행 혹은 휴가였다. 매년 새해의 시작과 함께 그해 여름 어디로 떠날지부터 먼저 고민하는 건 나 또한 여느 직장인들과 다르지 않았다.
아내와 함께하는 휴가 계획은 비행기 값이나 식비, 숙박비까지 모두 2배 이상으로 계산될 수밖에 없는 노릇이었다. 설상가상으로 우리 회사의 공식 여름휴가 기간은 주말을 합쳐도 단 6일이 전부였다. 제아무리 머리를 굴려본들 우리 부부의 이번 휴가지는 멀리 가도 동남아를 벗어나기 어려울 것만 같았다. 하지만 그해 여름, 내 마음속 목적지는 한적한 휴양지가 아닌 프랑스의 한 수도원이었다.

'라 투레트La Tourette'는 건축가 르코르뷔지에의 설계로 1960년에 지어진 수도원이다. 평범한 여행객들이 찾아갈 만한 곳은 아니지만 건축을 공부한 사람이라면 결코 모를 수 없는, '현대 건축의 걸작'으로도 불리는 곳이다. 사진과 도면으로 수없이 봐온 건축이었음에도 나는 아직 이곳을 방문한 적이 없다. 순간 더 늦기 전에 찾아가야 할 것 같은 충동을 느꼈다. 말이야 쉽지만 프랑스까지 가려면 돈도 시간도 꽤 많이 들 게 분명했

생 레미 드 프로방스의 숙소에서.

다. 일주일도 채 안 되는 짧은 일정 중에 무려 이틀이나 비행기 안에 꼼짝없이 앉아있어야 하는 것도 정말 바보 같았다. 하지만 한 번 마음먹으면 쉽게 바꾸지 않는 나였다. 그날로 나는 에어프랑스 티켓 두 장을 샀다. 무이자 할부 3개월로.

일주일 안에 프랑스를 왕복하는 빡빡한 일정을 세웠다. 심지어 라 투레트는 직항 항공편도 없는 리옹Lyon 근처에 있었다. 이왕 멀리까지 가기로 마음먹은 김에 니스Nice 근교의 '르 토로네 수도원'도 여정에 넣었다. 계획을 세울수록 욕심도 커지는 건지 자꾸만 일정은 비현실적으로 늘어만 갔다. 꼭 가보고 싶은 장소만을 추려 일정표에 추가했다. 마지막으로 펜을 들어 모든 지점들을 하나의 선으로 연결하자 비로소 700km를 차로 달리는 고달프고도 벅찬 여정이 완성됐다. 이걸 휴가라고 부를지 답사라고 해야 할지는 나중에 고민할 문제였다.

길눈이 어두운 아내를 대신해 여행 계획과 경로를 정하는 건 언제나 나의 임무다. 떠나기 전에 많은 에너지를 써버려서인지 막상 여행지에 도착해서는 좀 시큰둥한 편이다. 반면 아내는 예민한 감각과 풍성한 감수성으로 현장에서 더 생기가 넘치는 타입이다. 서로 상반된 성향에도 우리의 여행은 의외로 대성공인 경우가 많았다.

출발을 앞둔 어느 날 저녁, 식사가 막 끝난 식탁 위에 완성된 여행 지도를 펼쳤다. 나는 신나게 침을 튀겨가며 시시콜콜 모든 계획을 공유했다. 가만히 듣고 있던 아내는 이내 두 눈을 끔뻑거리며 나에게 되물었다.

"표 이미 샀지? 그럼 됐어."

내가 세우는 여행 계획은 보통 지나치게 자세하고 빡빡하다. 물론 실제로는 그 절반도 다 못 지키는 경우가 대부분이다. 그런 여행 방식이 이제는 익숙해서인지 아내는 떠나기 전 나의 계획에 대해 이렇다 저렇다 이견이 잘 없다. 그런 아내의 입에서 나오는 '됐다'라는 말은 나만 알아들을 수 있는 일종의

'OK' 사인인 셈이다.

비로소 모든 준비가 끝이 났다. 걷기만 해도 등줄기에 주르륵 땀이 흐르던 그해 초여름, 내 마음은 이미 지중해와 나란히 뻗은 A8번 고속도로 어딘가를 달리고 있는 것만 같았다.

이게 다
라 투레트 때문이다

라 투레트 수도원 Sainte Marie de la Tourette

르코르뷔지에Le Corbusier

샤를 드골 국제공항 국내선 환승 터미널에 막 들어섰다. 감각적인 노출 콘크리트 벽체와 유리로 된 천장이 참 아름다웠지만 뜨거운 7월의 햇볕 때문인지 어쩐지 후텁지근한 기분이다. 아내는 화장실에 들러 헛구역질을 하고 나왔다. 전날 밤을 꼴딱 새우고 10시간의 비행 끝에 도착한 파리에서 아내의 몸 상태는 이미 녹다운이었다. 이번 여행의 출발지인 리옹에는 아직 도착하지도 못했다. 걱정스러운 마음 가운데 얼마 남지 않은 국내선 환승 시간을 확인하고는 아내의 손을 끌어당겼다. 늦지 않으려면 지금 뛰어야 한다.

이게 다 라 투레트 때문이다. 애초에 이번 휴가를 계획한 이유부터가 라 투레트를 보기 위해서였고 긴 비행에 지친 몸을 이끌고 다시 국내선을 1시간이나 더 타야 했던 것도 라 투레트가 파리보다는 리옹에서 가깝기 때문이었다. 아내와 나는 아무 말 없이 다시 좌석에 앉았다. 정시에 파리를 출발한 비행기는 금세 리옹 공항에 도착했다.

출국장을 나와 미리 예약해둔 렌터카를 수령하고 공항 근처 호텔에 들어서니 이미 저녁때가 훌쩍 넘어 있었다. 식당에서 간단하게 식사를 마치고 누가 먼저랄 것도 없이 침대에 뻗어버렸다. 내일 아침엔 아내 몸이 좀 괜찮았으면 좋겠다. 그보단 아내가 라 투레트를 꼭 마음에 들어했으면 좋겠다.

다음 날 아침, 다행히도 아내는 컨디션을 완전히 회복했다. 간단히 조식을 먹고 짐을 챙겨 차에 올랐다. 어제 빌린 차는 주행 거리가 막 1,000㎞를 넘어선 신형 지프 레니게이드였다. 이번 휴가는 대부분을 차로 움직여야 하는 만큼 차량의 성능도 성패의 중요한 변수였다. 운 좋게도 지불한 금액보다 한 등급 높은 차를 받았고 잠시 몰아본 느낌으로는 승차감도 나쁘지 않았다. 내비게이션 검색창에 목적지를 적어 넣었다. 이번 휴가의 궁극적인 이유이자 모든 일정의 시작점, 라 투레트로 출발했다. 벅찬 순간이었다.

프랑스에선 프랑스 노래를 들어야 한다며 아내는 유튜브로 샹송chanson을 틀었다. 이름 모를 노래들을 들으며 30분 정도 달리다 보니 어느새 목적지에 도착했다. 키가 큰 가로수들이 양옆으로 빼곡히 들어선 오솔길 위에서 내비게이션은 안내를 마쳤다. 엔진이 꺼지고 홍

라 투레트 수도원의 남쪽 입면.
잔디밭 위로 육중하고 사뿐하게 내려앉아 있다.

라 투레트 수도원의 회랑 창살이 만드는 빛의 모습.
수도원 건축은 대개 회랑을 중심으로 여러 기능이 연결되고 구성된다.

겨운 음악도 멈췄다. 주위는 적막으로 가득해졌다. 보이는 것이라곤 멀리 들판과 파란 하늘이 전부였지만 그 분위기에 압도당해 차에서 내리는 발걸음마저 조심스러웠다. 아직 라 투레트는 보이질 않는다.

정숙silence. 거창한 길 안내 표지판을 대신해 수도원이 속세의 사람들을 맞이하는 인사법이다. 조금 더 발소리를 낮춘 채 남쪽을 향해 곧게 뻗은 오솔길을 따라 계속 걸었다. 이내 파란 하늘을 수평으로 가로지르듯 언덕 아래를 향해 툭 튀어나온 콘크리트 덩어리가 보였다. 라 투레트의 북측 입면이 마침내 자태를 드러냈다. 아, 드디어 만났다. 기대했던 것보다 더 반가웠고 상상했던 것보다 더 작고 아담했다.

관람은 미리 예약한 가이드 투어를 통해서만 가능하다. 오늘 투어에는 우리 부부와 독일인 커플, 그리고 미국인 아저씨 한 명까지 총 다섯 명이 참가하게 되었다. 안내를 맡은 프랑스 젊은이는 건축을 전공한 학생이라며 자신을 소개했다. 이 위대한 건축에 대한 경외심을 담아 안내 봉사를 하고 있다고 했다. 본격적인 관람에 앞서 서로 통성명을 하고 보니 모두 직간접적으로 건축에 관련된 사람들이었다. 가이드는 이번 투어의 수준을 조금 올려도 되겠다며 미소를 지어 보였다. 덕분에 나 역시 이 건축을 조금 더 천천히 가까이서 볼 기회를 얻었다. 그에게 밝은 표정으로 화답했다.

투어는 매표소에서부터 시작하여 응접실, 기도실, 식당을 돌아 회랑을 거쳐 경당과 지하 예배당까지 건물 전체를 한 바퀴 크게 돌며

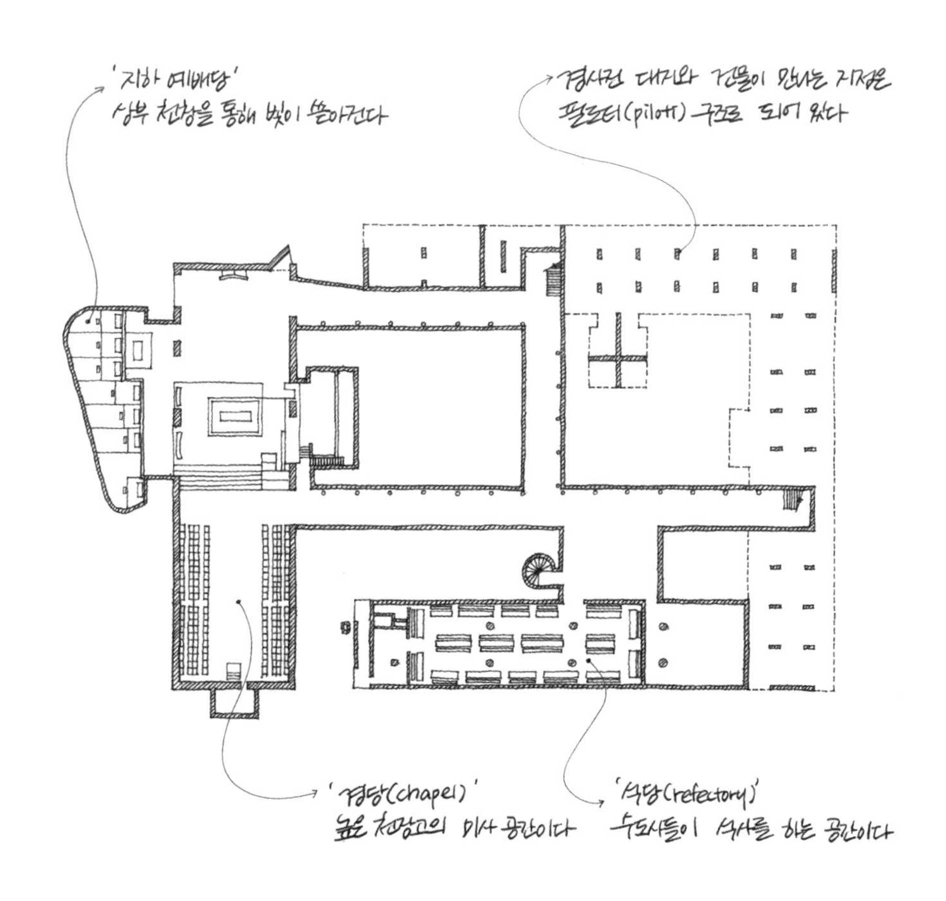

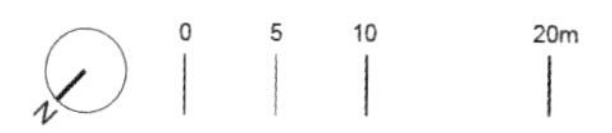

LA TOURETTE

라 투레트 수도원 하층부 평면도

오솔길로 부터 들어오는 작은 콘크리트 문
속세와 수도사들의 세계의 경계다

매표소와 기념품점
여기서부터 가이드 투어가 시작된다

D

가운데 중정과 이를 둘러싼 회랑을 따라
수도원의 각 기능공간이 조직되어 있다

라 투레트 수도원 중층부 평면도

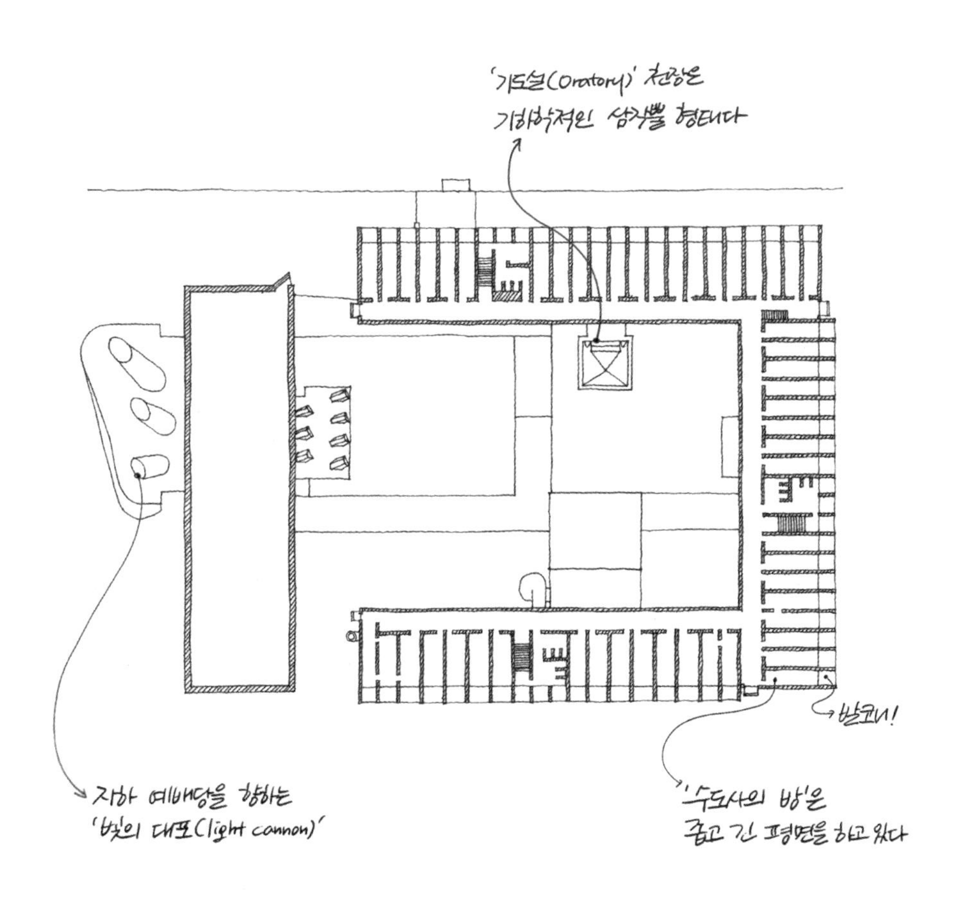

LA TOURETTE

라 투레트 수도원 상층부 평면도

진행됐다. 라 투레트의 백미인 수도사의 방lay-brothers' cell은 한 명이 생활하기 위한 최소한의 공간을 기준으로 설계되었다. 미리 예약하면 숙박도 가능했지만 무조건 한 사람이 방 하나를 써야 한다. 부부가 함께 숙박하기엔 조금은 불편한 숙소가 될지도 모르겠다. 하지만 그런 고민이 무색하게 이미 두 달도 전에 모든 방은 매진이었다. 대신 축소 모형을 통해 방 내부 구조를 살피는 데 만족해야 했다. 그 덕에 다시 한번 이곳을 찾아야 하는 이유가 생겼으니 아쉬워만 할 일은 아니었다.

더 머물고 싶지만 마음이 급했다. 오늘은 나흘간의 일정 중 가장 이동 거리가 긴 날이다. 고속도로에 진입하자 순식간에 속도계 바늘은 시속 100㎞를 돌파했다. 빠른 속도로 달리고 있지만 이상하리만치 내 마음은 평온했다. 새 차의 승차감이 좋아서였는지 아니면 라 투레트를 마침내 보고야 말았다는 안도감에서였는지는 솔직히 잘 모르겠다. 어쩌면 그 둘 다였을 것이다.

고흐가 사랑한 수도원

생폴 드 모졸 수도원Le Monastere de St-Paul de Mausole

별안간 닭 한 마리가 길게 울었다. 어슴푸레 밝아오던 새벽의 고요함도 덩달아 깨졌다. 다시 누워봐도 이미 잠은 저만치 달아났고 눈은 말똥하기만 하다. 별수 없이 침대에서 몸을 일으켜 세웠다. 옆자리의 아내는 아직 곤히 잠들어 있다. 작은 쪽지 한 장을 남겨 놓고 겉옷을 챙겨 밖으로 나섰다.

'아침 식사 전까진 돌아오겠어요'.

발걸음이 향한 곳은 '생폴 드 모졸 수도원Le Monastere de St-Paul de Mausole'이었다. 사람들에게는 화가 빈센트 반 고흐Vincent van Gogh가 말년을 보냈던 '생 레미의 정신병원Hôpital Saint-Paul à Saint-Rémy-de-Provence'

생폴 드 모졸 수도원으로 가는 길.

이라는 이름으로 더 잘 알려진 곳이다. 아직 문을 열 시간은 한참 멀었지만 아무도 없는 새벽녘 그곳을 홀로 걸어보고 싶었다.

수도원을 향해 가는 길, 사각사각 모래알을 밟는 소리가 적막을 밀어낸다. 불현듯 네덜란드 출생인 고흐가 어쩌다 프랑스의 작은 시골 마을까지 오게 되었을까 궁금증이 밀려왔다. 잠시 주머니에 넣어둔 스마트폰을 도로 꺼냈다.

고흐는 1888년부터 약 1년간 이곳에 머물렀다. 생 레미Saint-Rémy에 머무는 동안 무려 100점이 넘는 드로잉과 150점 이상의 회화를 그렸다고 하는데 그중에는 〈별이 빛나는 밤The Starry Night〉처럼 잘 알려진 작품도 더러 있다. 대도시에 싫증을 느끼고 파리에서 아를로 내려온 고흐는 정신이 혼탁해져 급기야 자신의 귀를 잘라버리고 만다. 그는 동생 테오의 도움으로 생 레미의 정신병원에 입원하게 되었고 바로 다음 해인 1890년 오베르에서 삶을 마감했다.

멀리 남쪽으로 익숙한 실루엣의 봉우리가 보이기 시작한다. 〈산과 초원이 있는 풍경A Meadow in the Mountains〉에도 등장했던 알피유 산맥Chaîne des Alpilles이다. 숙소 근처 주택가의 골목길은 좁고 복잡했지만 산봉우리를 향해 계속 걷다 보니 길 찾기가 그리 어렵지 않았다. 이내 올리브와 사이프러스가 우거진 널따란 평원이 나타났다. 모두 고흐의 캔버스 위에 심심찮게 등장하던 피사체다. 생 레미의 아름다운 풍경은 고흐의 그림과 꼭 닮은 모습으로 여전히 그 자리를 지키고 있었다.

짧은 산책을 마치고 다시 숙소로 돌아왔다. 집을 나설 땐 보지 못했던 파란 파라솔과 식탁이 수영장 한편으로 가지런히 놓여 있었다. 주인아주머니께선 매일같이 게스트에게 직접 아침 식사를 차려주신다고 했다. 이제 막 잠에서 깬 아내는 내가 밖에 나갔다 온 줄도 모르는 눈치다. 아무래도 내 쪽지를 보지 못한 것 같다.

메뉴는 단출하지만 먹음직스러웠다. 바게트와 크루아상, 햄과 치즈, 그리고 신선한 과일과 수제 잼까지 갖춘 나름 프랑스 가정식 아침 식사였다. 지저귀는 새소리와 수면에 비친 아침 햇살을 곁들여 한

입 크게 빵을 베어 무니 더할 나위 없이 행복했다. 단 하루만 머물고 가기엔 참으로 아쉬움이 많이 남는 멋진 숙소였다. 하지만 스스로 짠 일정이 나를 재촉하는 것을 누굴 탓하랴. 덕분에 행복했었다는 짧은 인사를 건네고 대문을 나섰다.

아침 산책 때 보았던 들판 한쪽으로 차를 세웠다. 여전히 이른 시간이었지만 한산했던 좀 전과는 달리 관광객이 제법 있었다. 한 사람당 6유로씩 두 장의 입장권을 샀다. 프랑스어로 '생폴 수도원Cloître Saint Paul'이라고 적힌 입장권에는 '고흐'라는 단어는 있어도 '정신병원'이라는 단어는 없었다. 재미있는 건 아직까지도 이곳은 정신과 클리닉을 운영하고 있는 정식 병원이라는 사실이다. 환자 동선과 관광객 동선은 분리되어 있어 서로 마주칠 일은 없다.

정원 곳곳에는 고흐가 이곳에서 그린 '꽃 그림'이 걸려 있었다. 햇살을 받아 밝게 빛나는 그림 속 식물들은 하나같이 여리고 아름다웠다. 자신의 귀를 자를 정도로 정신이 쇠약해진 한 화가가 정신병원에서 그린 것이라고 하기엔 좀처럼 믿기지 않았다. 고흐는 주변으로부터 격리되고서야 비로소 평범하고 작은 아름다움에 다시금 천착하기 시작했던 것일까. '수도원'과 '정신병원'의 묘한 동거만큼이나 쉽게 이해되지 않는 작품이었다.

정성껏 가꿔진 아름다운 정원을 지나 본 건물로 들어섰다. 의외로 정신병원이라는 선입견을 떼어놓으면 그저 평범하고 오래된 수도원으로 보일 뿐이었다. '격리'나 '보호' 같은 단어보다는 '치유'와 '회복'

생폴 드 모졸 수도원의 회랑.
세장하고 얇은 콘크리트 구조물 대신 육중한 자연석 벽체를 뚫고 실내로 빛이 쏟아져 들어온다.

이 먼저 연상되는 편안하고 차분한 풍경이다. 회랑의 육중한 기둥과 벽체는 통석을 깎아 만든 것이다. 그날따라 강렬했던 햇살은 거친 표면을 훑어내리며 돌의 물성을 더욱 적나라하게 드러내고 있었다. 구조체와 마감재의 구분도 없고 안과 밖의 경계도 모호한 이 오래된 수도원에서 느껴지는 역설적인 아름다움은 스스로를 반성하게 만든다.

생폴 드 모졸을 찾은 사람들이 잊지 않고 들르는 곳이 있다. 바로 2층에 마련된 '고흐의 방'이다. 작은 창이 하나 있는 아담한 공간에는 침대와 욕조, 의자 두 개가 다소곳이 놓여있을 뿐이다. 관람객들은

고흐의 방.

말없이 방 구석구석을 살피며 저마다의 방식으로 한 천재 화가의 삶과 그 흔적을 느끼고 있었다.

고흐가 이곳에 입원하던 날 동생 테오는 1층의 작업실과 2층의 침실을 함께 주문했다. 고흐의 작품 중에는 생 레미의 작업실을 그린 것도 있어 당시의 작업 풍경을 상상해볼 수 있다. 하지만 안타깝게도 침실의 모습은 확인할 길이 없다. 무심한 듯 놓인 가구 사이의 빈 공간과 벽에 걸린 그의 자화상을 번갈아 보며 나름의 상상력을 십분 발휘해볼 뿐이다. 고흐가 바라보았을 생 레미의 밤하늘을 상상하

고흐의 방에서 바라본 하늘.

며…….

다시 차에 올랐다. 그새 높이 떠오른 태양이 차 안을 온통 덮여놓은 탓에 에어컨을 최대로 틀어도 숨이 턱 하고 막혔다. 다음 목적지인 '세낭크 수도원Abbaye Notre-Dame de Sénanque'까지는 1시간 정도 걸릴 것 같다. 아침에 산책하며 지나쳤던 좁은 골목길을 굽이굽이 돌아 나오니 이내 한적한 대로를 타기 시작한다. 이제부터는 니스를 향해 동쪽으로 달린다.

거기서 건축은 그럴 수밖에 없었다

세낭크 수도원Abbaye Notre-Dame de Sénanque & 고흐드Gordes

건축하는 일은 곧 땅에 대한 존중과 이해에서부터 출발한다. 그래서 설계 작업은 으레 그 땅을 직접 찾아가 두 발로 걸으며 면밀하게 살피는 일로 시작된다. 책상 앞에 앉아 종이와 연필을 쥐기 전부터 건축가의 사유라는 것이 이미 시작되는 까닭이다.

내가 건축에 매력을 느끼는 건 자연과 인간이 서로 밀고 당기며 균형을 잡는 일이기 때문이다. 대지 경계라는 가상의 선을 땅 위에서 찾아내고 이를 기준으로 집의 향과 배치를 결정하는 일부터가 당장 그렇다. 더욱이 본격적인 설계가 시작되면 중력이라는 거스를 수 없는 대자연의 힘과 끊임없이 사투를 벌여야 하며 건물이 높아지면 바람과도 싸워야 한다. 그뿐만 아니라 공사가 시작되면 더욱 힘겨운 과정의 연속이다. 땅을 파고, 메우고, 벽을 세우고, 붙이고……. 현장에서 벌어지는 모든 행위는 하나같이 자연을 극복하거나 혹은 자연과 타협하지 않고서는 결코 성립될 수 없는 일이다. 때문에 인간의 능력으로 할 수 있는 가장 위대하고도 멋진 일이 건축이라는 믿음은 학창시절이나 건축가로 일하고 있는 지금이나 크게 달라진 바가 없다.

프로방스 동쪽의 산중 깊숙한 골짜기 한가운데에 '세낭크 수도원 Abbaye Notre-Dame de Sénanque'이 있다. 이제는 우리나라 사람들도 제법 많이 찾는 여행지가 되었는데 늦봄에서 초여름 사이에 만발하는 보랏빛 라벤더 밭이 이곳의 백미다. 하지만 방문했던 7월 말엔 이미 잿빛으로 변해버렸을 시점이니 내가 이곳을 찾은 게 라벤더 때문만은 아닌 것이 분명했다.

앞서 방문했던 현대식 수도원인 '라 투레트'나 병원으로 사용 중인 '생폴 드 모졸'이 아니라 진짜 수도원이 보고 싶었던 것 같다. 더 정확히는 '속세와 절연하고 살아가는 수도사들의 건축'을 만나고 싶었다. 감히 그곳으로 찾아가는 여정부터가 수도원이라는 건축을 이해하는 중요한 실마리가 될 것이 분명했다.

V자 형태의 가파른 골짜기를 사이에 두고 높다란 산등성이 두 개가 나란히 뻗어 있다. 그 골짜기 가장 낮은 곳에 세낭크 수도원과 라벤더 밭이 있다. 한눈에 보아도 산 정상에서 일부러 굴러떨어지지 않는 한 도달하기 어려울 것만 같은 오지다. 생 레미에서부터 차를 타

세낭크 수도원과 라벤더 밭.

고 가면 두 산등성이 중 한 곳의 위쪽부터 아래로 절벽 옆의 길을 따라 접근하게 된다. 잠시 차를 세우고 그저 내려다보는 것만으로도 과연 절경이었다. 길도 좁고 험한 데다 자꾸만 창밖 풍경에 이끌려 속도를 줄이게 되니 자연히 마음이 차분해진다.

수도원과 라벤더 밭 사이에 마련된 주차장에 도착했다. 고갯길에서 굉음을 내뿜던 엔진마저 잠잠해지고 나니 이내 아득한 적막이 밀려온다. 방금 전 위에서 내려다본 두 개의 산등성이가 소리를 막는 역할을 해서 그런 모양이었다. 먼저 온 여행객들의 들뜬 목소리도 자

가운데 중정과 이를 둘러싼 회랑을 따라 수도원의 각 기능공간이 조직되어 있다

점선은 상부천장의 아치 모양과 절곡된 모서리의 형상을 보여준다

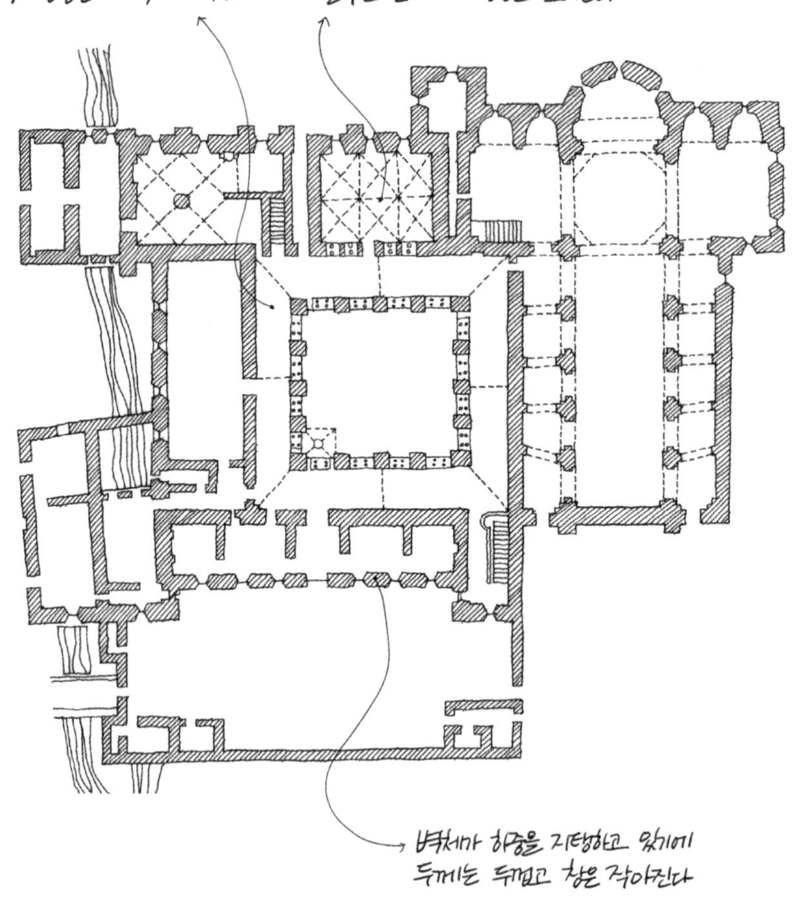

ABBAYE
NOTRE-DAME
DE SÉNANQUE

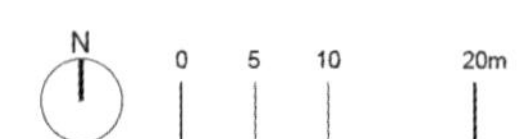

세낭크 수도원 지상층 평면도

연이 만드는 고요 앞에선 한낱 잡음에 불과했다. 속세로부터 오는 소리마저 이 골짜기에는 결코 도달할 수 없었다.

아쉽게도 수도원 내부는 공사 중이라 들어갈 수가 없었다. 하지만 주위를 천천히 걸어보는 것만으로도 충분히 좋았다. 제법 규모가 있는 기념품점에는 라벤더를 이용한 각종 상품이 즐비하다. 예전에는 수도사들의 생계유지 수단의 하나로 이곳에서 난 라벤더를 가지고 기름이나 향수 따위를 만들어 팔았다고 한다. 하지만 지금 여기서 판매되는 제품은 그 출처를 알 수 없는 공산품이 대부분이다. 동일한 제품을 프랑스 공항 면세점에서도 팔고 있으니 혹시라도 라벤더 때문에 이곳을 찾을 계획이라면 쇼핑은 일정에서 빼도 좋겠다.

세낭크를 빠져나와 점심을 먹기 위해 근처 도시 고흐드Gordes로 향했다. 애초에 목적지로 삼지는 않았는데 아내가 '예쁜 마을'을 보고 싶다고 해서 한번 들러보기로 했다. 산 능선을 여러 개 차례로 넘다 보니 주변으로 굉장히 고급스러운 개인 별장과 숙박 시설이 나타나기 시작한다. 창문 틈으로 들어오는 공기가 제법 시원해졌다. 그러고 보니 늘 온화하고 바다가 지천인 지중해 주변 사람들은 여름휴가를 도리어 산으로 간다는 이야기를 들은 적이 있다.

우회전, 좌회전, 다시 우회전. 순간 앞을 주시하던 나의 오른쪽 시야에 뭔가가 훅 하고 들어왔다. 고흐드였다. 가파른 돌산 하나 전체가 그대로 건축이자 도시가 된 기이한 모습이었다. 곳곳에 아름드리 나무가 울창하게 뻗어있어 마치 〈천공의 성 라퓨타〉나 〈하울의 움직

어디까지가 지형이고 어디까지가 건축인지 분간하기 어려운 고흐드의 절경은
감히 '설계'하는 일을 하고 있다고 말하기가 부끄러울 정도로 경이로웠다.

이는 성〉 같은 만화적 상상력마저 자극했다. 세낭크에서는 높은 곳에서 낮은 곳을 내려다보며 감동을 느꼈다면 여기선 낮은 곳에서 높은 곳을 올려다보며 느끼는 전율이 있다. 아내는 조수석 창에 얼굴을 딱 붙이고 눈을 뗄 줄을 몰랐다. 나에게도 처음 마주한 고흐드의 자태는 경이로움 혹은 신비로움에 가까울 정도였다.

마을 입구 공영 주차장에 차를 대고 지중해식 식당집에서 점심을 해결했다. 카프레제 샐러드에 들어간 모차렐라 치즈가 정말 신선했던 기억이 난다. 아이스크림도 먹고, 산책도 하고, 중앙 광장 근처 작은 미술관에 들어가 전시도 관람했다. 멀리서 보았던 압도적인 풍경과는 또 반대로 골목 구석구석 사람 사는 냄새가 가득한 평범한 마을이라 더욱 좋았다.

세낭크와 고흐드는 모두 거기에 있었기에 그럴 수밖에 없었던 건축이었다. 어쩌면 인간은 그저 자연 앞에서 주어진 소명대로 건축을 완수하는 역할에 불과했을지도 모른다. 가끔 건축하며 자연과 대립해야 할 순간마다 세낭크에서 혹은 고흐드에서 마주했던 장면을 떠올려본다. 자연 앞에서 겸손할 때 비로소 좋은 건축이 만들어지리라 믿는다.

유니테 다비타시옹의 계단실

유니테 다비타시옹Unité d'habitation
르코르뷔지에Le Corbusier

계단은 층과 층을 연결하는 기본적인 건축 요소이다. 무려 8,000년 전에 세워진 인류 최초의 도시 예리코Jericho의 유적에도 계단이 발견된 걸 보면 그 역사가 얼마나 오래되었는지 짐작할 수 있다. 하지만 현대에 들어와 계단은 사실상 그 역할을 잃어버렸다. 수백 미터 높이의 초고층 건물이 전 세계에 1,000여 개가 넘고 불과 수초 내로 엘리베이터가 몇십층을 오르내리는 시대에 살고 있는 우리이기 때문이다.

혹시 당신은 지금 사는 아파트나 근무하는 사무실의 계단실을 얼마나 자주 이용하는가. 다이어트를 목적으로 걸어다니지 않는 이상 계단실에 들어가 볼 일은 생각보다 많지 않다. 그래서인지 고층 건물의 계단을 법에서 부르는 이름 조차 '특별피난계단'이다. 특별히 피난할 일이 생기지 않는 한 모르고 살아도 될 것만 같은 공간의 이름이 아닌가. 이쯤 되니 계단실이라는 공간에 대한 연민과 함께 묘한 노스탤지어마저 느껴진다.

유니테 다비타시옹의 동측 입면.

계단실의 의미를 다시 생각하게 된 건 마르세유Marseille에서였다. 우리는 1952년에 완공된 '유니테 다비타시옹Unité d'habitation'을 보기 위해 이 도시를 찾았다. 현대건축의 아버지 르코르뷔지에가 구현한 새로운 유형의 주거건축, 주상복합과 아파트의 원형, 도시처럼 작동하는 수직적 집합 등 수많은 수식어가 따라다니는 이 기념비적인 건축은 마르세유 남쪽 외곽 지역에 위치하고 있었다.

유니테 다비타시옹은 지상 12층의 콘크리트 건물로 총 337가구를 수용하도록 설계된 공동주택이다. 음식도 먹어봐야 맛을 알 수 있듯 건축도 살아봐야 온전히 이해할 수 있는 법이다. 하지만 여행자 신분으로는 그럴 수 없기에 아쉬운 대로 딱 하룻밤만 묵어가기로 했다.

다행히도 이곳에는 70년이 넘도록 실제로 주민들이 거주하고 있으며 중간 한 개 층은 '호텔 르코르뷔지에Hotel le Corbusier'라는 이름 아래 정식 숙박 시설로 운영 중이다.

흙으로 잘 빚은 것만 같은 조형적인 콘크리트 필로티와 캐노피를 지나, 유리 블록으로 한쪽이 치장된 로비를 거쳐, 기하학적 나무 창살이 인상적인 호텔 카운터에 도착했다. 우리가 예약한 방은 발코니가 있는 슈페리어 룸으로 지중해를 향해 멋진 뷰를 가졌다. 안내를 받아 안으로 들어가 보니 과연 벽장, 주방 가구, 의자, 조명 등 모든 것이 옛날 모습 그대로 재현되어 있었다. 좀 오래되어 퀴퀴한 나무 냄새가 풍기긴 했지만 무슨 대수랴. 신이 나서 방방 뛰는 내 모습을 보곤 아내는 웃겨 죽겠다는 표정이다.

이곳에선 '방'이 곧 '집'이고 '복도'가 곧 '길'이다. 그 길을 따라 슈퍼, 담배 가게, 식당, 서점, 마사지숍 등 온갖 상점이 들어서 있고 옥상에는 유치원과 수영장, 조깅트랙까지 있다. 그야말로 도시의 모든 기능을 한데 모아놓은 복합건물인 셈이다. 지금이야 이런 건물을 두고 간단하게 '주상복합'이라고 부르면 그만이지만 유니테 다비타시옹이 지어지던 1950년대만 해도 세상 그 어디에도 없는 새로운 개념이었다.

대부분의 상점이 6시에 문을 닫는다고 해서 짐만 옮겨 두고 서둘러 방을 빠져나왔다. 막 셔터를 내리려던 서점에 들어가 유니테 다비타시옹의 입면을 담은 멋진 그림 한 장을 구입했다. 슈퍼마켓에도 들

호텔 르코르뷔지에 객실 내부.

러 밤에 마실 물도 한 통 샀다. 건물 구석구석을 훑으며 옥상정원까지 오르니 말 그대로 '도심 산책'이 따로 없었다.

사실 계단실에 들어가 보는 건 계획에 없던 일이다. 옥상정원 구경을 마치고 아래층으로 내려가기 위해 엘리베이터를 기다리던 내 시야에 작은 문 하나가 들어왔다. 위치로 보나 위에 붙은 비상구 표지로 보나 계단실이 분명했다. 제아무리 거장 건축가일지언정 계단실마저 열심히 설계했을까 하는 바보 같은 생각도 했던 게 사실이다. 이윽고 문이 열리고 나는 유니테 다비타시옹을 방문한 이래 가장 충

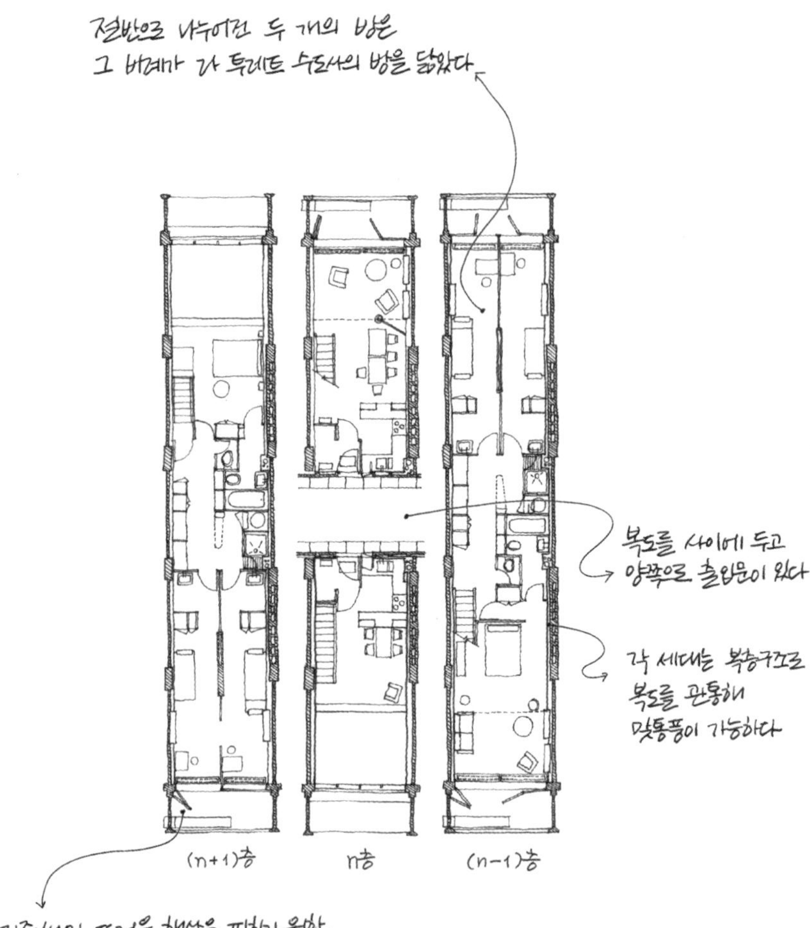

N
0 1 2 5m

UNITÉ D'HABITATION

유니테 다비타시옹 유닛 평면도

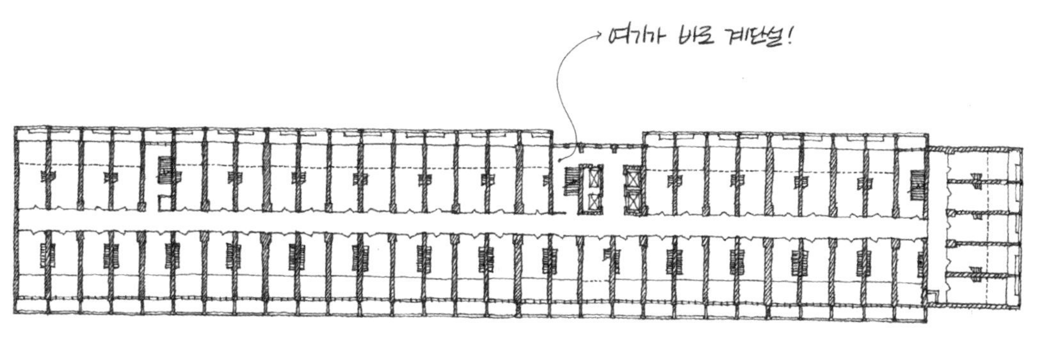

유니테 다비타시옹 기준층 평면도

격적인 장면을 마주했다.

그 안에는 나의 우문에 대답이라도 하듯 바닥, 벽, 천장, 난간, 조명까지 모든 것이 완벽하게 조화를 이루고 있었다. 사진으로는 채 담아지지 않지만 두 개의 창문으로 쏟아져 내리는 빛까지 더해 감동마저 느껴질 정도였다. 나는 부끄러움에 얼굴이 화끈거렸다.

손끝으로 철재 난간, 화강석 모서리, 황동 배관을 하나씩 천천히 훑으며 열 개 층을 걸어서 내려왔다. 아쉽게도 보안 때문에 2층에서 철문이 가로막고 있어 계단실을 나와 다시 엘리베이터를 타고 밖으로 향했다. 제자리를 돌며 내려온 계단은 필로티를 관통해 현관 옆으로 툭 하고 뻗으며 사뿐하게 지면으로 내려앉았다.

열두 개 층을 걸어 내려오는 동안 단 한순간도 지루하지 않았다. 공간을 구성하는 재료와 색채는 각 층의 문을 열고 나가면 만나는 기능에 따라 달라졌으며 매 높이마다 창문을 통해 시시각각 변화하는 도시의 풍경과 연결되어 있었다. 어쩌면 유니테 다비타시옹을 두고 '도시'라 칭할 수 있는 건 옥상정원이나 공중의 상점가 때문만은 아니었을지 모른다. 수직으로 적층된 '방'과 '복도'는 마침내 계단실을 통해 이어지며 다채로운 풍경의 '도시 공간'을 완성하고 있었다.

다시 내가 살고 있는 서울의 계단실을 떠올렸다. 임대료가 높은 창문가 대신 내부에 구획된 계단실에는 시시각각 변화하는 그림자가 드리울 방법이 없다. 평소에 잘 사용하지 않을 공간이니 구태여 돈을 들여 불필요한 색채도, 장식도, 형태도 도입할 필요가 없다. 다만 비상시에 안전하게 대피할 수 있는 충분한 통로 폭과 불에 타지 않는 재료만 만족하면 그뿐인 공간이다. 계단실이 우리의 뇌리에서 잊혀진 건 어쩌면 필연이었을지도 모른다.

유니테 다비타시옹의 계단실.

건축가는 경제적인 논리만으로 판단을 내리는 사업가여서도 안되고, 클라이언트의 요청을 충실히 수행하는 서비스직도 아니며, 최적의 솔루션을 찾아내는 엔지니어일 수도 없다. 다만 그렇게 해야 할 이유가 없더라도 기어이 그렇게 함으로써 사람들에게 쓰이고, 읽히고, 닮아가는 도시 공간을 만드는 직능에 불과할 따름이다.

입체적으로 적층되는 주거 유닛에서 건축가의 공간 감각을, 옥상정원의 거대한 굴뚝 아래서 건축가의 조형 감각을, 입면을 수놓은 색색의 차양막과 개구부의 비례에서 건축가의 미적 감각을 생각했다. 그리고 마침내 계단실에서 내가 건축가로서 나의 도시에 만들어야 할 풍경이란 무엇일지를 생각했다. 난 그곳에서 르코르뷔지에의 도시를 탐닉했다.

마르세유의 그 다리

- 유럽 지중해 문명박물관MuCEM
- 루디 리치오티Rudy Ricciotti

완벽한 각선미의 그 다리를 처음 보는 순간 와– 하고 탄성이 터져 나왔다. 나의 시선이 향하는 곳에는 잘생기고 예쁜 모델이 아닌 프랑스 마르세유에 있는 한 다리bridge 사진이 띄워져 있었다. 부러질 듯 아슬하게 보이는 세장함, 군더더기 하나 없는 디테일, 물 위를 가로지르는 담대함까지 정말이지 완벽한 다리였다.

다리를 디자인하는 일, 조금 딱딱하게 말해서 교량 설계는 전통적으로 토목 엔지니어의 업역이다. 이는 다리를 '서로 다른 두 장소를 연결하는 공간'이라기보다는 '차와 사람을 통행시키기 위한 구조물'로 인지하는 데에 기인한다. 과거 댐, 항만, 도로와 같은 토목 구조물

유럽 지중해 문명박물관의 그 다리. ©Rochelle FERGUSON BOUYAHI

은 주로 도시 외곽에서 사회기반시설로서의 기능을 수행하기 위해 세워졌다. 그러다 보니 이를 설계하는 사람은 구조물이 주변에 미치는 영향보다는 그 자체가 수행해야 하는 기능에 더 큰 관심이 있을 수밖에 없었다. 하지만 도시의 범위와 개념이 확장된 오늘날에는 이야기가 좀 다르다. 교량을 비롯한 대부분의 구조물은 이제 사람들의 삶에 밀접하게 맞닿은 도시 공간 한복판에 놓인다. 종전과 같이 거대하고 무표정한 구조물은 사람의 눈으로 보기엔 둔탁하고, 부담스럽고, 과장스러울 수밖에 없다. 건축가가 다리를 설계해야 하는 건 그 때문이다.

한강을 건너는 보행교를 제안하는 일을 맡은 적이 있다. 이촌동에서 서래섬을 잇는 폭 10m 남짓의 다리 위에 공연장과 벼룩시장, 작은 전망대와 산책로 등 다양한 도시 공간을 그려 넣었다. 이는 새로운 제안이기보다 이미 한강 다리 위에서 일어나고 있는 사람들의 행태를 장소로 치환하는 작업에 불과했다. 현대 도시에서 다리가 더 이상 기능적인 구조물이 아닌 일상의 공간으로 작동하고 있음을 알기에 가능했던 제안이었다.

마르세유의 그 다리는 유럽 지중해문명박물관Musée des civilisations de l'Europe et de la Méditerranée과 생장 요새Fort Saint-Jean 두 장소를 잇는 보행교다. 약자로 뮤셈MuCEM이라 불리는 이 특별한 박물관은 과거 여객 터미널 자리를 간척한 대지 위에 지난 2013년 개관했다. 이는 본격적으로 지중해의 문명과 역사를 다루는 최초의 박물관이자 지방에 위치한 프랑스 최초의 국립 박물관이었다.

설계는 알제리 태생의 프랑스 건축가 루디 리치오티Rudy Ricciotti, 1952~가 맡았다. 건축가 본인의 특별한 정체성은 마르세유라는 도시의 다층적이고 복잡한 역사와도 닮아 있었다. 게다가 건축이 들어설 자리는 앞쪽으로는 프랑스 최대 항구가, 뒤쪽으로는 중세의 고성이 버티고 있는 상징적인 장소였다. 건축가의 고민이 얼마나 깊었을지 과연 눈에 선했다.

납작한 입방체 형태의 건물을 사방으로 뒤덮은 검은 외피는 장고 끝에 그가 내놓은 해답이었다. 멀리서 보면 마치 검은 장막이나 베일처럼 보이는 이것은 프리캐스트 콘크리트precast concrete 패널이다. 400

패널 너머로 보이는 생장 요새.

장에 달하는 패널은 근처의 공장에서 거푸집에 넣어 굳힌 뒤 현장으로 옮겨져 박물관 유리 외벽 바깥쪽에 고정되었다. 마치 지중해의 물결이나 산호초를 연상시키는 독특한 무늬의 패널은 짙은 안료를 섞은 섬유보강 콘크리트fiber-reinforced concrete를 사용해 별도의 보강재 없이 스스로를 지탱할 수 있게 설계되었다.

건물의 주 출입구와 매표소를 겸하는 북쪽과 동쪽의 파사드를 제외하고 모든 면은 이 검은 장막으로 덮여 있다. 이는 생장 요새에서 바라다보이는 남쪽 면과 멀리서 배를 타고 들어오며 처음 마주하게 되는 서쪽 면의 표정을 만든다. 간척지 위에 깔린 새하얀 모래와 멀리 푸른 물살과 대비되는 무겁고 담담한 입면은, 새로 지은 거대한 건축을 오래된 도시와 대해의 풍경 속으로 자연스럽게 어우러지도록 돕는다. 동시에 박물관 내부로 내리쬐는 지중해의 강렬한 햇살을 막는 차양 역할도 훌륭히 해낸다. 독특한 무늬가 시시각각 만들어내는 그림자 풍경 속에 관광객들은 기꺼이 카메라를 켜 멋진 장면을 남기는데 여념이 없다.

길이 115*m*, 폭 2.4*m*의 다리는 이 건축의 옥상 테라스에서부터 구도심을 향해 출발한다. 다리 반대쪽 끝에 도착하는 생장 요새는 16세기에 지어진 이 도시의 살아 있는 역사이자 유적이다. 1층 로비에서 시작되는 박물관의 전시 동선은 건물 외벽과 콘크리트 장막 사이의 슬로프를 따라 옥상까지 이어진다. 관람을 마친 사람들은 자연스럽게 다리를 건너 생장 요새에 마련된 작은 전시관을 마저 돌아보게 된다.

마침내 고성古城의 난간에 기대서 맞아보는 바닷바람과 망망대해의 전경은 곧 이 박물관의 가장 크고 가장 중요한 마지막 전시물이다. 다리가 없었더라면 깎아지는 절벽을 내려와 바다를 건너야만 도달할 수 있는 먼 거리였다. 그 다리는 역사의 기록과 현장을 최단 거리로 연결하고 있었다. 그로써 이 박물관의 전시장은 비단 한 건물에 국한되는 것이 아니라 비로소 마르세유 도시 전체라고도 할 수 있게 되었다.

구도심을 먼저 방문하는 사람들은 반대의 순서로 다리를 건너온다. 박물관의 옥상에는 멋진 테라스와 카페테리아가 있다. 이곳은 입

지중해를 향해 열린 도시의 테라스.

장권을 구매하지 않아도 누구나 들어올 수 있도록 항상 열려 있다. 뙤약볕 아래서 구 시가지와 성곽을 관람하던 사람들은 자연스럽게 다리를 건너와 바다를 배경으로 에스프레소 한 잔의 여유를 가진다. 다리는 생장 요새에서 끝날뻔한 도시 공간을 바다와 더 가까운 곳으로 연장하여 새로운 장소를 만들어냈다. 이곳을 단지 어느 건물의 옥상이 아니라 도시의 테라스라고 불러도 과언이 아닌 까닭이다.

먼 거리를 중간 기둥 없이 한 번에 연결하기 위해 집약된 기술력이 동원되었다. 보행교는 외피와 마찬가지로 4.5*m* 길이로 나뉜 여러

생장 요새 쪽에서 바라본 다리 끝부분.

개의 프리캐스트 콘크리트 조각으로 만들어졌다. 단면의 아래위로는 각각 지름 127㎜와 67㎜의 케이블이 삽입되어 장력으로 팽팽하게 당겨진다. 직접 건너보면 전체가 은근한 아치 형태를 하고 있다는 사실을 눈치챌 수 있다. 하지만 멀리서 찍은 사진에서는 잘 드러나지 않는다.

건축가는 왜 다리 하나에 이토록 공을 들였을까. 그 해답은 다리를 건너 반대편에 도착했을 때 비로소 알 수 있었다. 오래된 성벽 한쪽을 슬며시 타고 넘는 다리의 끝부분에는 눈 씻고 찾아보아도 작은 볼

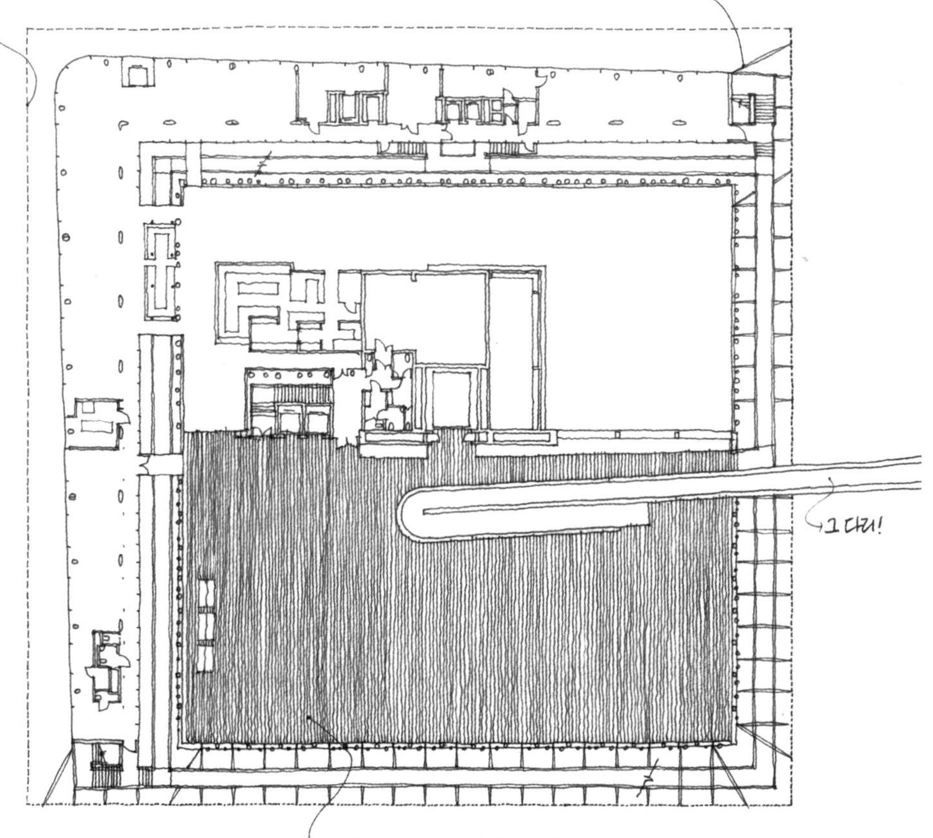

유럽 지중해 문명 박물관 지상 4층 평면도

트 하나 찾을 수가 없었다. 기둥 하나 없이 긴 경간의 다리임에도 마치 가벼운 깃털이 땅 위에 사뿐히 내려앉은 자태와도 같았다.

수백 년의 시간차를 가지는 두 장소는 하나로 연결되어 있음에도 서로의 풍경을 해치지 않고 있었다. 그 다리가 아름다운 것은 단순히 더 튼튼하고 안전한 구조물을 만드는 데 성공했기 때문이 아니다. 다만 도시와 장소에 대한 한 건축가의 존중과 진정성이 기어이 그러한 모습의 다리를 탄생시킨 것이다.

프랑스의 시인 폴 발레리Paul Valéry, 1871~1945는 "명료한 것만큼 신비로운 게 없다"라고 말했다. 그 다리는 명료함이 빚어낸 훌륭한 도시 공간이자 가장 아름다운 구조물이었다.

눈을 감으면 비로소 보인다

르 토로네 수도원L'abbaye du Thoronet

정말이지 시에스타siesta는 스페인에나 있는 줄로만 알았다. 점심도 못 먹고 마르세유부터 열심히 달려왔건만 이 작은 마을 토로네Thoronet에는 우리 부부의 허기를 달래줄 빵 한 조각 살 수 있는 곳이 없었다. 그나마 문이 열려 있는 식당의 주방은 불이 꺼진 지 오래고 저녁 장사 전까지는 재료마저 없단다. 아무래도 오늘 점심은 굶게 생겼다. 시계는 이제 막 2시가 넘어가고 있었다. 한낮의 찜통 같은 더위 속에 체력만 허비한 채로 터덜터덜 차로 다시 돌아와야만 했다.

시동을 걸자 내비게이션이 남은 길 안내를 다시 시작했다. 최종 목적지였던 르 토로네 수도원L'abbaye du Thoronet까지는 겨우 5km만을 앞

두고 있었지만 목적지 부근 지도상에는 눈 씻고 봐도 식당은커녕 작은 건물 하나 없음이 분명했다. 수도원씩이나 보러 가면서 한 끼 제대로 챙겨 먹으려던 게 과한 욕심이었을까. 별별 생각이 다 들었지만 선택의 여지는 없었다. 다시 서서히 엑셀을 밟기 시작했다. 어쩐지 옆자리에서 입을 꾹 닫은 아내가 자꾸 마음에 걸렸다.

'르 토로네'는 일부러 찾아가지 않으면 쉽게 알아채기도 어려울 만큼 작고 검박한 수도원이다. 프로방스의 울창한 숲속 근처 계곡 옆에 자리를 잡은 수도원은 1176년에 세워졌다. 이곳이 대중에게 알려지게 된 까닭은 다름 아닌 라 투레트 때문이다. 당시 르코르뷔지에에게 라 투레트 수도원의 건축을 의뢰했던 알랭 쿠튀리에Alain Couturier, 1897~1954 신부는 그에게 르 토로네를 방문할 것을 강권하며 이를 참조하길 부탁했다. 이미 당대의 건축가로 이름을 날리던 르코르뷔지에는 이를 기꺼이 수락한다.

당시 막 롱샹 성당을 완성한 르코르뷔지에를 향한 대중의 관심은 대단했다. '돔-이노Dom-ino' 이론을 창시하며 기둥과 슬래브, 계단으로 현대건축을 정의한 그가 만든 성당은 그간의 작업과는 너무도 결이 달랐다. 고전주의에 정면으로 도전하는 듯한 파격은 곧 설계가 시작된 라 투레트에 대한 기대로 이어졌다. 하지만 마침내 르 토로네를 방문한 르코르뷔지에는 큰 충격을 받고 다시 현대건축으로 철저히 회귀하고야 만다. 현대건축의 걸작이라 손꼽히는 라 투레트는 역설적으로 르 토로네라는 고전이 있었기에 비로소 탄생할 수 있었던 것

롱샹 성당 전경. 혹자는 이 아름다운 성당을 보고 눈물을 흘렸다던데
나는 영 울음이 나지 않아 건축을 포기해야 하는 건 아닐까 고민했던 기억이 난다.

이다.

이번 휴가는 전적으로 라 투레트를 보기 위해 시작된 여정이었다. 애초에 리옹에서 니스를 연결하는 루트는 곧 라 투레트와 르 토로네를 함께 방문하기 위한 것이었다. 라 투레트를 온전히 이해하기 위해서는 필연적으로 르 토로네를 거쳐야만 한다. 주린 배를 움켜쥐고 가면서까지 이곳을 찾은 까닭이다.

세상과 절연한 수도사들은 평생에 걸쳐 욕망과 사투를 벌이지만 나는 속세의 평범한 인간일 뿐이다. 마침내 도착한 수도원의 주차장

르 토로네 수도원 경당 입구.

에는 천만다행으로 간이 매점이 하나 있었다. 바게트 빵을 슥슥 반으로 갈라 치즈와 생햄을 넣은 샌드위치 두 개를 시켰다. 그마저도 마지막 남은 빵 하나를 반으로 잘라 만든 것이었다. 곡기가 들어가자 아내는 언제 그랬냐는 듯 다시 활기를 되찾았다. 우리는 비로소 이 위대한 건축을 맞이할 준비를 마쳤다.

허기를 달래고 나니 그제야 다른 감각들이 하나둘 살아나기 시작한다. 아름드리 나무가 우거진 오솔길을 지나 작은 개울을 건너면 비로소 수도원의 영역이 펼쳐진다. 입구의 작은 건물에서부터 시작되는 길은 작은 마당, 계단, 담, 측면으로 돌아 들어가는 문과 같은 사소한 건축적 장치를 거치며 경당으로 이끈다. 애초에 외부인의 출입이 거의 없어야 할 건축이었으니 찾아오는 이의 편의를 위해 만들어진 건 아니었다. 계속해서 높낮이를 바꿔가며 방향을 자주 틀어 움직이는 탓에 눈을 부릅뜨고 걸었음에도 이내 방향 감각을 상실해 버렸다. 그건 마치 속세의 미련을 여기 벗어두고 가라며 누군가 온몸을 세차게 흔드는 것만 같았다.

회랑 창문이 만드는 빛의 모습.
회랑의 육중한 돌벽을 조각하듯 날렵하게 쏟아져 내려오는 빛이 인상적이다.

르 토로네의 검박한 돌벽에서 느껴지는 감각은 라 투레트의 콘크리트 조형에도 깃들어있었고 라 투레트의 회랑에서 느껴지는 음악적 리듬감은 르 토로네의 육중한 벽을 뚫고 내리쬐는 햇살의 그림자에서도 엿볼 수 있었다. 물리적 공간도, 시간적인 배경도 너무나 먼 두 건축임에도 서로 간에 느껴지는 팽팽한 긴장감을 따라가 보는 즐거움이 대단했다. 둘 중 그 무엇을 먼저 방문해도 상관없다. 다만 꼭 두 곳을 모두 방문해보길 나 또한 강권한다.

르 토로네의 중심에는 회랑cloister이 있다. 정방형 평면도 아니고 계

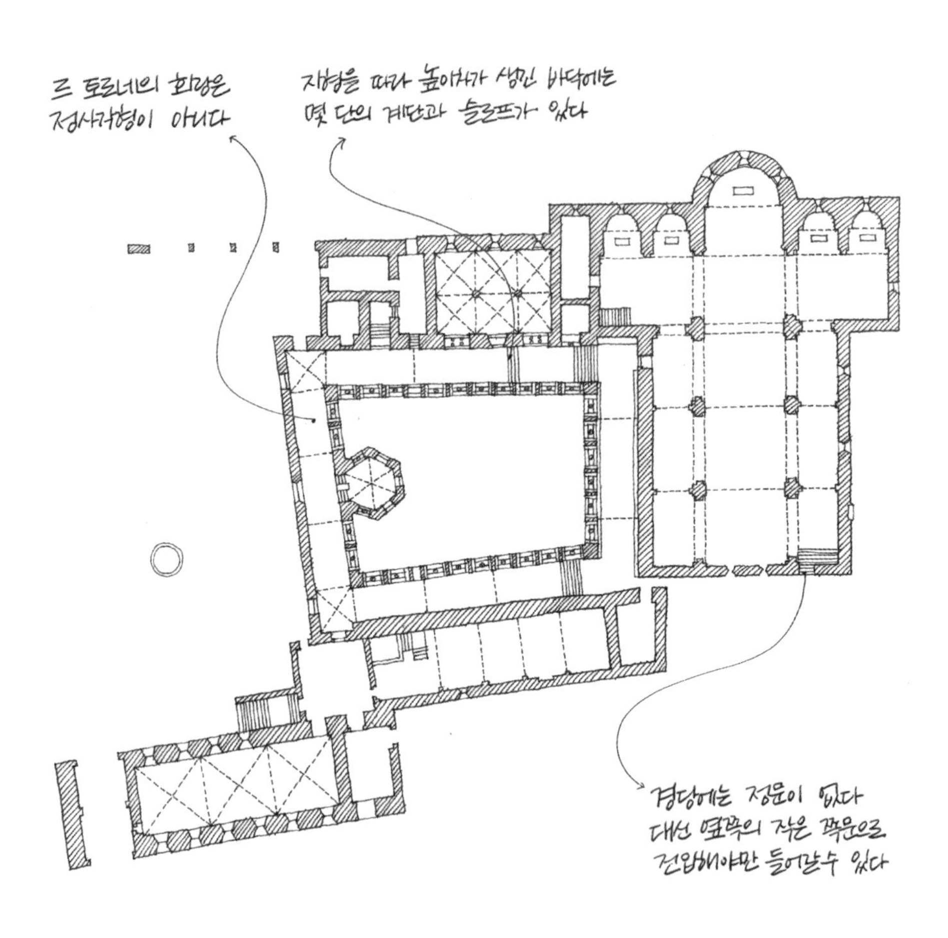

LE THORONET

르 토로네 수도원 지상층 평면도

단과 슬로프slope로 묘한 높낮이마저 있는 공간에서 나는 다시 한번 나의 모든 감각이 무력해지는 것을 느꼈다. 이곳에서 바깥세상의 변화를 알려주는 건 시시각각 달라지는 그림자가 유일했다. 이따금 구름이 태양을 가리는 까닭에 선명도가 변화하는 빛과 공간을 한없이 보고 있는 것도 전혀 지루하지 않았다.

두 눈에 의존한 채 건축을 음미하던 찰나 별안간 귓가를 파고드는 멜로디에 온 신경을 빼앗겼다. 소리가 들리는 쪽으로 홀린 듯 따라가니 경당에 사람들이 모여 있었다. 성가였다. 마치 회랑의 선명한 그림자와 같이 탁함이라고는 조금도 찾아볼 수 없는 청아하고 맑은 음색이 공간을 가득 채우고 있었다. 소리는 경당을 가득 채우고도 남아 창으로, 문으로, 회랑으로 끊임없이 새어 나가고 있었다.

살며시 눈을 감고 목소리에 귀를 기울였다. 한 사람의 성대에서 나와 경당의 구석구석을 어루만지고 돌아온 소리는 끝내 내 귀에 이르고 있었다. 미처 눈으로는 보지 못했던 이 건축의 크고 작은 공간의 생김을 나에게 소상히 일러바치는 것만 같았다. 허기를 달래니 눈이 트였고 눈을 감으니 비로소 공간이 들렸다.

르코르뷔지에는 르 토로네를 돌아본 뒤 펴낸 한 사진집에서 '조잡한 콘크리트의 시대에, 이 엄청난 만남을 반기고 축복하며 인사하자'라고 썼다. 현대건축의 아버지가 말하는 콘크리트의 조잡함이라니. 그가 이곳에서 받았던 인상이 얼마나 강렬했을지 잠시 두 눈을 감은 채 음미해보았다.

생폴 아닌 방스에서 마지막 밤을

덜컹. 크게 한 번 출렁이는 차축車軸의 진동이 창문에 기댄 내 머리로 고스란히 전해졌다. 당시 막 스무 살이 된 나는 친구들과 함께 중부 유럽을 배낭여행하고 있었다. 프랑스 남부의 휴양 도시 니스Nice를 출발한 버스는 생폴 드 방스Saint-Paul de Vence로 향하는 중이었다. 쏟아지는 졸음을 이기지 못하던 찰나 안내 방송에서 들려오는 '방스'라는 단어에 반사적으로 가방을 챙겨 버스에서 내렸다. 하지만 이상했다. 아무리 둘러봐도 가이드북에 나온 마을 사진과는 영 딴판이었다. 스마트폰도 없던 그 시절엔 딱히 확인할 방도도 없었다.

우리는 히치하이킹을 하기로 했다. 달리는 자동차를 향해 연신 '생폴'을 외치며 열심히 손을 흔들었다. 운 좋게 푸조 한 대를 얻어 탈 수 있었다. 알고 보니 우리가 버스를 내린 곳은 방스Vence라는 이름의 마을이었다. 본래 목적지였던 생폴 드 방스는 남쪽으로 무려 6*km*나 떨어진 전혀 다른 마을이었다. 마음씨 좋은 프랑스 아저씨가 아니었더라면 엉뚱한 곳을 헤매고 다닐 뻔했던 젊은 날의 추억이다.
세월이 흘러 나는 다시 한번 방스와 생폴 드 방스의 갈림길에 섰다. 도로변의 풍경이나 울창한 나무는 예나 지금이나 변함이 없었다. 하지만 나에겐 많은 변화가 있었다. 히치하이킹을 해야만 했던 그때와는 달리 운전을 할 수 있으며 똑똑한 스마트폰과 내비게이션을 가졌고 옆자리엔 예쁜 아내도 함께하고 있다. 고민 끝에 방스를 택했다. 이번엔 실수가 아닌 순전히 내 의지에 의해서다. 마치 오래전 매듭짓지 못했던 한 도시와의 질긴 인연이 나를 이끄는 것만 같았다.
방스로 향하는 차창 밖으로 생폴 드 방스가 스쳐 지나간다. 야트막한 언덕 위에 걸터앉은 이곳은 16세기 무렵에 프랑소와

생폴 드 방스의 성벽과 도시 전경.

1세에 의해 요새화된 전형적인 중세 성곽 도시다. 배우 이브 몽땅Yves Montand, 1921~1991은 이 도시에서 말년을 보냈고 화가 마르크 샤갈Marc Chagall, 1887~1985 역시 여기서 생애를 마감하고 마을 어귀 공동묘지에 묻혀 있다. 그뿐만 아니라 페르낭 레제Fernand Léger, 1881~1955, 파블로 피카소Pablo Picasso, 1881~1973 등 수많은 예술가가 이곳을 거치며 유명세를 탔다. 지역 특유의 하얀색 사암으로 지어진 건물은 좁고 구불구불한 골목을 따라 아기자기한 풍경을 자아냈다. 덕분에 우리나라 사람들에게도 생폴 드 방스는 일명 '예쁜 마을'이라고 해서 제법 알려졌다.

그에 반해 방스는 생폴 드 방스의 면적 5배가 넘는 꽤 규모 있는 마을이다. 지중해와 인접하면서도 주변으로 높은 산이 둘

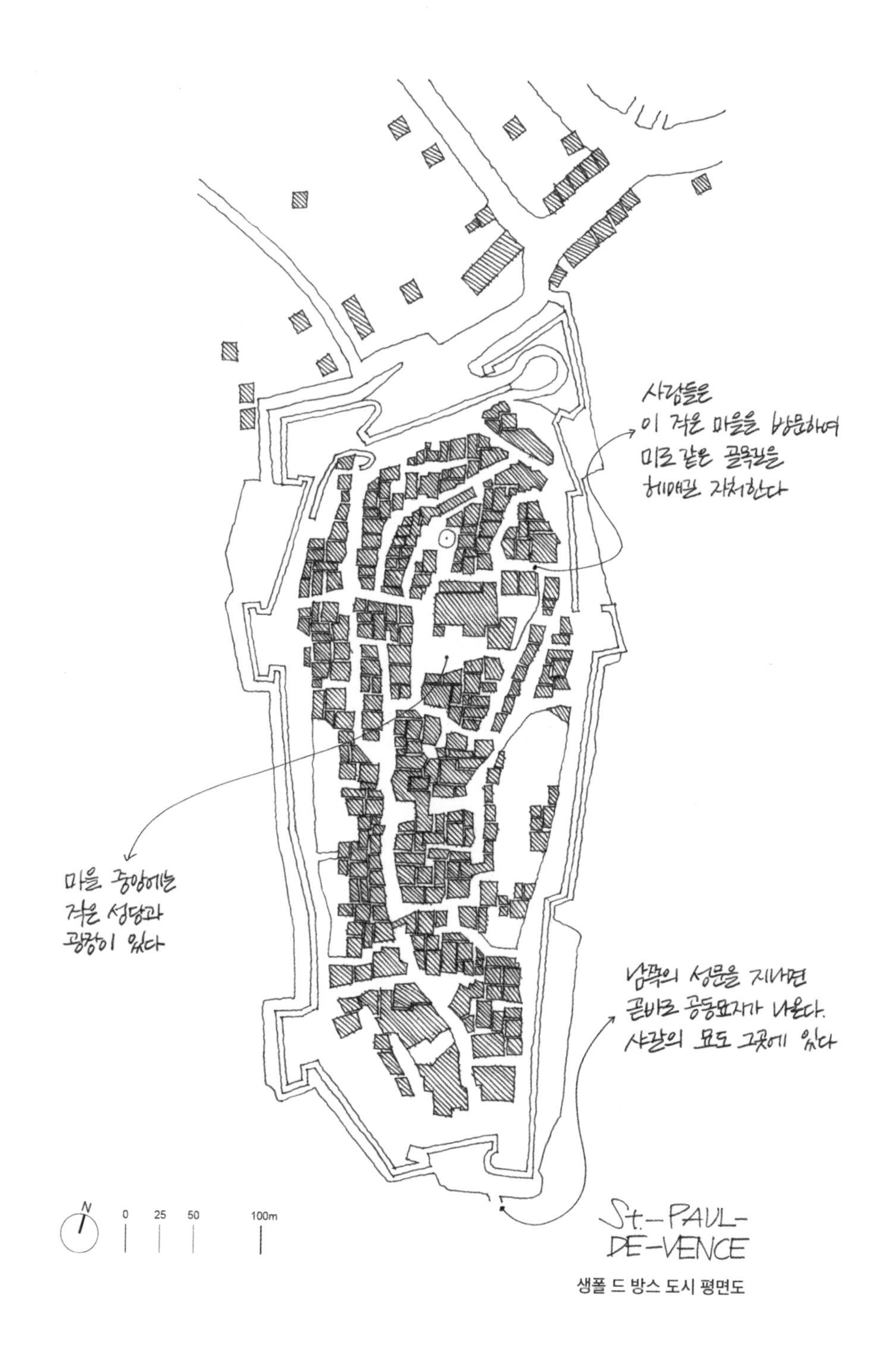
사람들은
이 작은 마을을 방문하여
미로 같은 골목길을
헤매길 자처한다
마을 중앙에는
작은 성당과
광장이 있다
남쪽의 성문을 지나면
곧바로 공동묘지가 나온다.
샤갈의 묘도 그곳에 있다
N
0
25
50
100m
St.-PAUL-
DE-VENCE

생폴 드 방스 도시 평면도

러져 있어 비교적 기온이 낮은 이곳은 외국인보다는 프랑스 사람들의 휴양지로 각광받는 곳이다. 이곳 역시 앙리 마티스 Henri Émile Benoît Matisse, 1869~1954 등 당대 유명한 예술가의 흔적이 많이 남아있어 관광객에게도 인기가 좋다. 생폴에 비하면 특별함은 좀 부족할지 몰라도 소소한 휴가의 일상을 즐기기엔 부족함이 없는 도시였다.

7월은 프랑스 사람들에게도 여름 휴가철이다. 일반적으로 한국에 비해 훨씬 길고 여유로운 휴가를 즐기는 이들은 매년 여름이면 지중해를 향해 남쪽으로 대대적인 여행길에 오른다. 그 때문인지 니스Nice나 칸Cannes 같이 규모가 있는 도시는 말할 것도 없으며 방스의 호텔 또한 높은 가격에도 불구하고 만실이었다. 발품을 조금 판 끝에 괜찮은 호텔이 하나 남아 있는 걸 알게 되었다. 가격도 적절했고 위치도 괜찮았다. 다음 날 아침 귀국 항공편을 탈 니스 국제공항까지도 차로 30분 남짓 거리에 불과했다. 휴가의 마지막 밤을 보내기에는 더없이 완벽한 조건이었다.

'호텔 미라마르Hotel Miramar'는 구도심 끝자락에 위치하고 있다. 프랑스어는 잘 모르지만 스페인어 'Mirador(전망대)'와 닮은 이름에서 어쩐지 대단한 전망이 있을 것만 같은 느낌을 받았다. 예감은 정확했다. 엘리베이터도 없이 4층까지 짐가방을 들고 올라가는 수고스러움이 있긴 했어도 방에 도착해 창문을

방에서 본 방스 외곽 풍경.

여니 힘든 것도 잊을 만큼 환상적인 풍경이 펼쳐졌다. 게다가 이 멋진 호텔에는 야외 수영장까지 있다. 한달음에 뛰어들어 유유히 물살을 가르며 호사를 누렸다. 장시간 운전하며 지친 몸과 마음 또한 물장구 한 번에 싹 가셔버렸다.

더 어두워지기 전에 아내와 함께 시내로 나왔다. 시내라고 해봐야 걸어서 30분도 채 걸리지 않을 성벽의 내부가 전부였다. 천천히 돌아보며 괜찮은 식당을 하나 골라 들어갈 요량이었다. 하지만 누가 프랑스 아니랄까봐 아직 해가 중천인데도 사람들은 저녁 식사에 한창이었다. 우리도 고민을 멈추고 분위기가 괜찮아 보이는 야외 테이블에 자리를 잡고 앉았다.

짧지만 강렬했던 이번 휴가의 마지막을 무슨 요리로 기념하는 게 좋을까. 고민 끝에 에스카르고escargot를 시켰다. 그리 비싸지 않으면서도 프랑스에 왔음을 기념할 만한 좋은 추억이 될 것 같았다. 앙증맞은 전용 접시에 나온 여섯 조각의 달팽이 요리는 마치 우리가 이번 휴가에서 보낸 여섯 날을 상징하는 것만 같았다.

식사를 마치고 어디선가 들려오는 낭만적인 재즈 선율을 따라 걷다 보니 마을 중앙의 광장에 도착했다. 한편에 자리한 레스토랑 손님만을 위해 한편에 마련된 공연이었지만 음악 소리는 광장을 가득 채우고도 남아 성벽 밖으로 넘쳐흐르고 있었다. 아내와 나도 광장 한편에 자리를 잡고 앉아 두 손을 꼭 잡고 감상에 젖었다. 문득 이탈로 칼비노Italo Calvino, 1923~1985의 소설 《보이지 않는 도시들Invisible Cities, 1972》의 한 대목이 떠올랐다. 마르코폴로가 여행 중에 들렀던 도시들을 쿠빌라이 칸에게 묘사하며 설명하는 형식의 소설이다. 책 속에는 가상의 도시들이 여럿 등장하는데 그중 '자이라Zaira'라는 도시를 이렇게 설명한다.

……도시의 가치는 위대한 건축물 몇몇에 있는 게 아니라 거리의 모퉁이에, 창살에, 계단 난간에, 피뢰침 안테나에, 깃대에 쓰여 있으며 그 자체로 긁히고 잘리고 조각나고 소용돌이치는 모든 단편

성문 안쪽으로 들여다보이는 방스의 밤 풍경.

들에 담겨 있습니다…….

생폴 아닌 방스의 광장에는 멋진 고딕 성당도, 웅장한 시청사도, 높다란 종탑도 없었다. 다만 허름한 악사들, 남루한 테이블과 의자, 작은 화분들뿐이었다. 하지만 나의 눈에는 왜 그토록 풍족하고 낭만적이었으며 시리도록 아름다웠는지 모른다.
오늘 밤이 우리 휴가의 마지막이라는 걸 알기라도 하듯 구슬픈 연주가 끝났다. 광장에 있던 모든 사람이 일어나 아낌없는 박수갈채와 환호를 보냈다. 우리의 휴가도 그렇게 영화의 한 장면처럼 우아하게 막을 내렸다.

건축가의 도시
공간의 쓸모와 그 아름다움에 관하여

1판 1쇄 발행 2021년 6월 30일
1판 2쇄 발행 2021년 9월 30일

지은이 이규빈
펴낸이 김성구

주간 이동은
책임편집 이슬
콘텐츠본부 현미나 송은하 김초록
디자인 이영민
제작 신태섭
마케팅본부 최윤호 송영우 엄성윤 윤다영

펴낸곳 (주)샘터사
등록 2001년 10월 15일 제1-2923호
주소 서울시 종로구 창경궁로35길 26 2층 (03076)
전화 02-763-8965(콘텐츠본부) 02-763-8966(마케팅본부)
팩스 02-3672-1873 | 이메일 book@isamtoh.com | 홈페이지 www.isamtoh.com

ISBN 978-89-464-2183-7 03540

• 값은 뒤표지에 있습니다.
• 잘못 만들어진 책은 구입처에서 교환해드립니다.

샘터 1% 나눔실천

샘터는 모든 책 인세의 1%를 '샘물통장' 기금으로 조성하여 매년 소외된 이웃에게 기부하고 있습니다.
2020년까지 약 9,000만 원을 기부하였으며, 앞으로도 샘터는 책을 통해 1% 나눔실천을 계속할 것입니다.